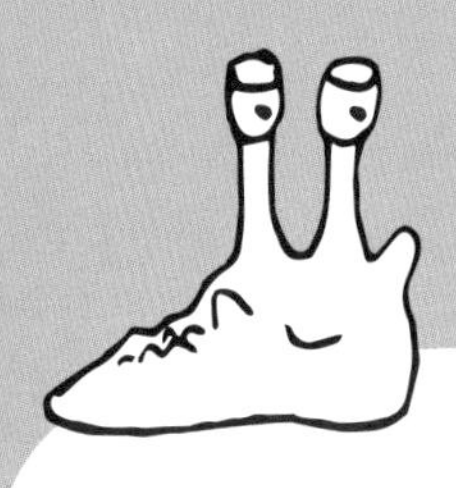

石小黄

“我们赶海去”系列当之无愧的第一主角，本体是一种软体动物——石磺，长得像没壳的蜗牛。石小黄每天都会去探索各种地方，也因此认识了许许多多的海边朋友。

“如果你有幸在红树林看到我，我会免费给你签名的！”

刘博士

“我们赶海去”系列的智慧担当，会讲故事也会传授知识，专门解答石小黄各种稀奇古怪的问题。从天上到地下，从滩涂到深海，你想知道的，刘博士都会告诉你。

“这是什么生物？让刘博士告诉你！”

后浪

我们赶海去

海边生物的“三百六十行”

刘毅 林俊卿 著 林俊卿 绘

目 录

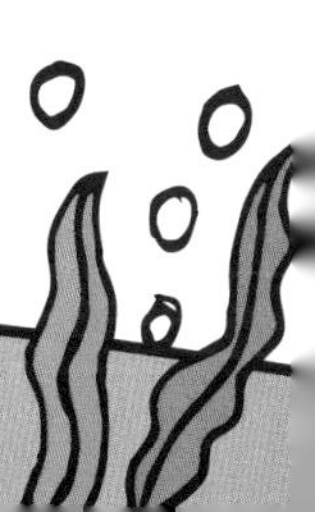

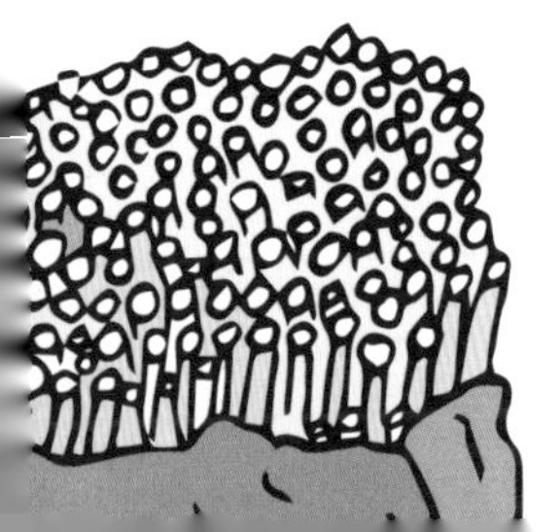

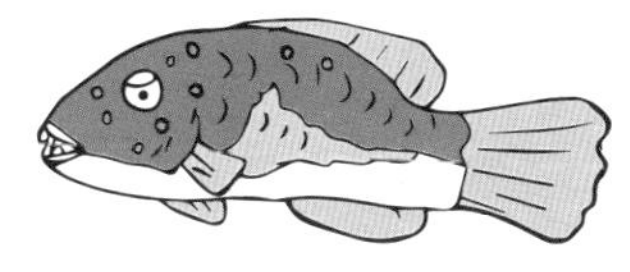

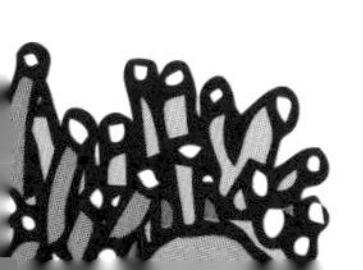

第 1 回 时装模特——中华白海豚

快跑!

嘻嘻嘻,
闪亮登场!
哎呀!
完蛋了,要被
吃掉了!

我是中华白海豚,
放心,我不吃你,哈哈!
鲨鱼大佬饶命,
别吃我!
中华白海豚

胆小鬼,嘻嘻。
可把我吓惨了,
还以为小命不保。

我们也来啦!
还有两只!
嘻嘻!

你们也是
海豚吗?
是的,我们
也是中华白海豚。

你们长得一模一样，但为什么颜色不一样呢？

这个嘛……你猜猜看呀。

我猜……粉色的是雌性，黑色的是雄性，灰色的和我一样是雌雄同体，对不对？嘻嘻。

哈哈哈，当然不对！其实是因为我们在不同的年龄，肤色也不同，可以说我们一生要换好多套衣服，嘻嘻！
幼年期
所以我们是海里的时装模特哦！
老年期
婴儿期

原来如此。还有个问题，你们不是叫中华白海豚吗？那肤色应该是白色才对呀。

其实我的肤色就是白的，只不过在运动过后，我的皮下血管会充血，看起来就是淡粉色的了。

你们好厉害，还会变色。

我要回家啦，
拜拜！
拜拜，再来
玩呀！

回到家后，石小黄也想通过运动来
改变自己的肤色……
嘿哟！嘿哟！
颜色还是没变，
失败了！

中华白海豚属于鲸目齿鲸亚目海豚科，是一种海洋哺乳动物，体形修长，呈流线型，游泳速度快，擅长跳跃。

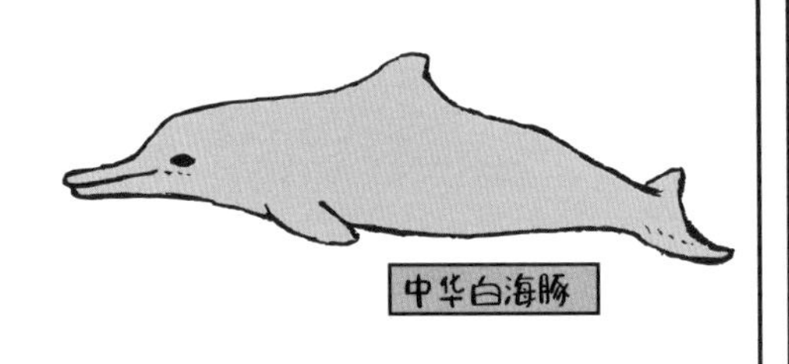

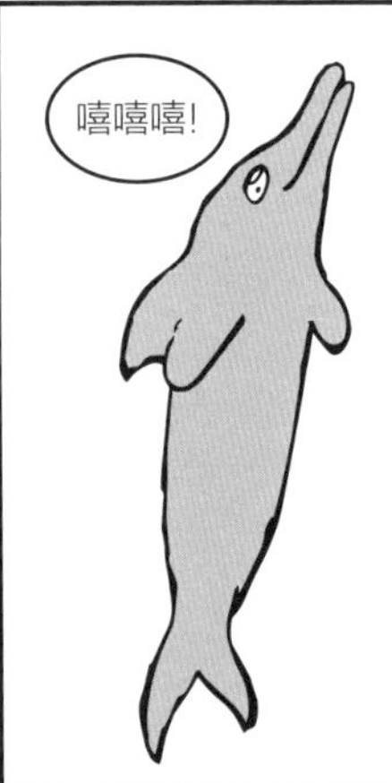

中华白海豚是世界濒危的珍稀物种，也是国家一级保护野生动物，有“水上大熊猫”之称。又因为长着一张看起来在微笑的脸，也被称为“微笑天使”。

中华白海豚的喙突出、狭长，额头有月牙形的呼吸孔。因为背鳍突出，时常露出海面，又被叫作“驼背海豚”。

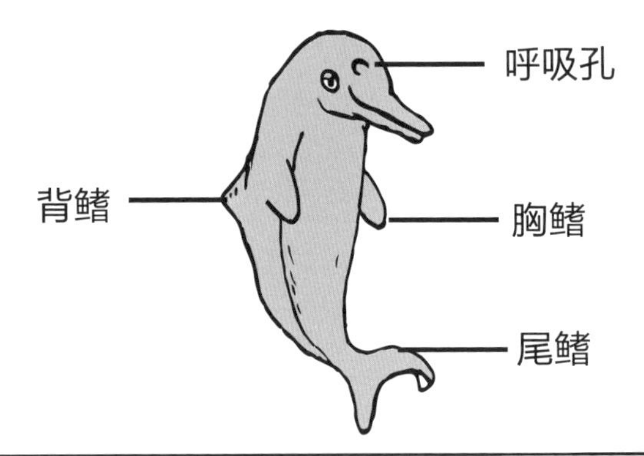

中华白海豚的肤色随着年龄的增长而改变，大致可分为六个阶段。

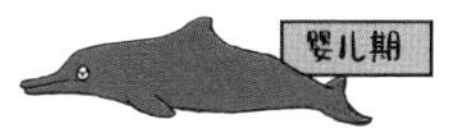

肤色呈深灰色，无斑点

肤色呈浅灰色，无斑点

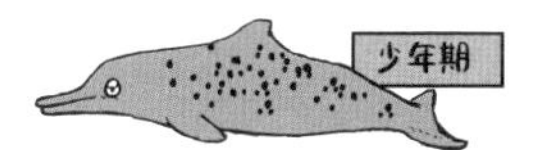

肤色呈浅灰色，出现大量斑点，体形接近成年海豚

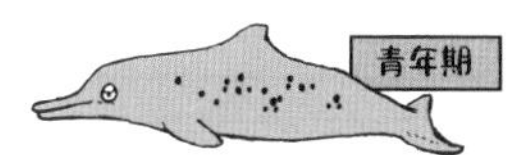

肤色变浅，斑点变少

肤色呈灰白色，斑点变少

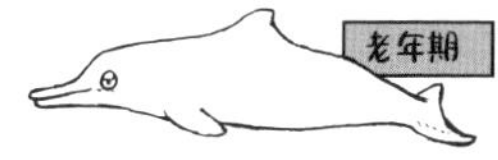

肤色呈白色，几乎没有斑点

虽然中华白海豚老年期的肤色呈白色，但是我们平常很少看到白色的中华白海豚，这是因为它们在剧烈运动后，皮下毛细血管会充血，看上去呈粉红色。

在中国，中华白海豚主要分布于东南沿海地区，喜欢在近岸的河口、浅水区域栖息觅食，珠江口、广东湛江和汕头、广西北海和钦州、福建厦门、台湾海峡西岸等地均有分布。

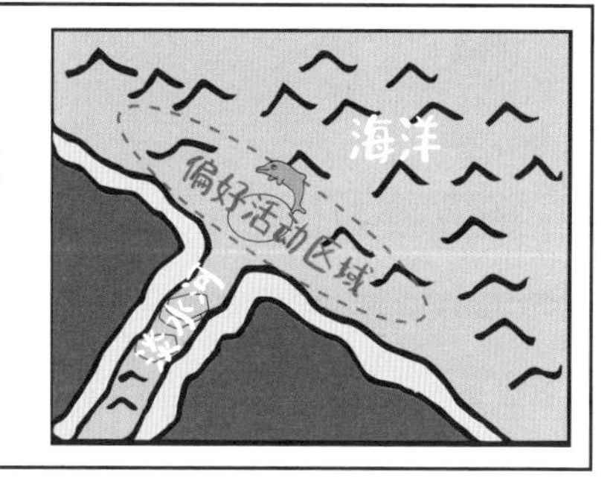

在水中，中华白海豚的视力不佳，靠独特的回声定位系统来判断物体的大小、外形、距离等，还可以与同伴交流。

这套回声定位系统的发声器是位于它们鼻孔内部下方的气囊群。气囊群产生信号，经由额隆向外发送，遇到鱼群或其他物体反射回来，由下颌骨接收信号，再传递给大脑进行处理分析。

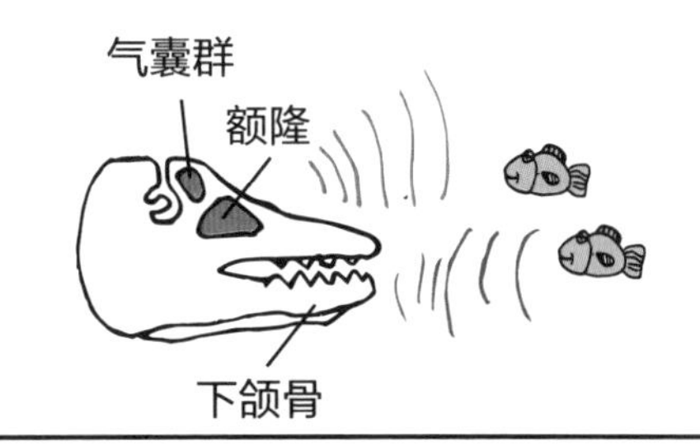

由于中华白海豚靠声音感知环境进行沟通和觅食，海洋噪声污染对它们而言是非常致命的干扰，如船舶噪声、水下钻井噪声、水下爆破等。

除此之外，海洋水质污染、渔业资源衰退导致食物短缺、海洋工程破坏栖息地等都对中华白海豚的生存造成了威胁。希望我们保护好生态环境，让中华白海豚在良好的生存环境中健康成长。

本回就说到这儿，“蟹蟹”收看！

第 2 回 爱吃草的美人鱼——儒艮

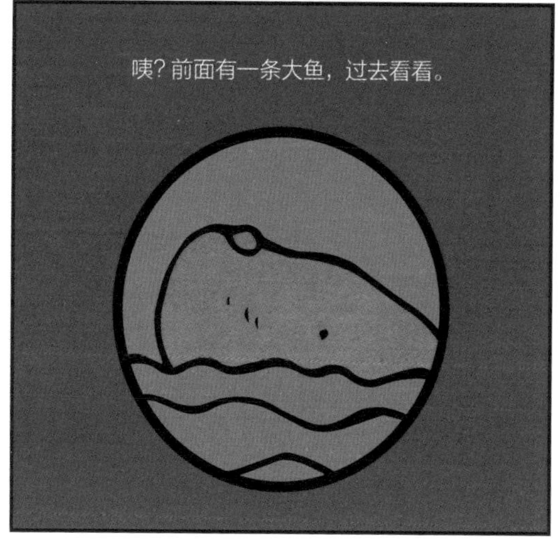

你浮出海面
是为了看风景吗？
不是的，我是
为了换气呀。

还要换气？
你不是鱼类吗？
是的，其实
我不是鱼。

儒艮？
我叫儒艮，
鱼类是靠鳃呼吸的，
我是靠肺呼吸的。
儒艮

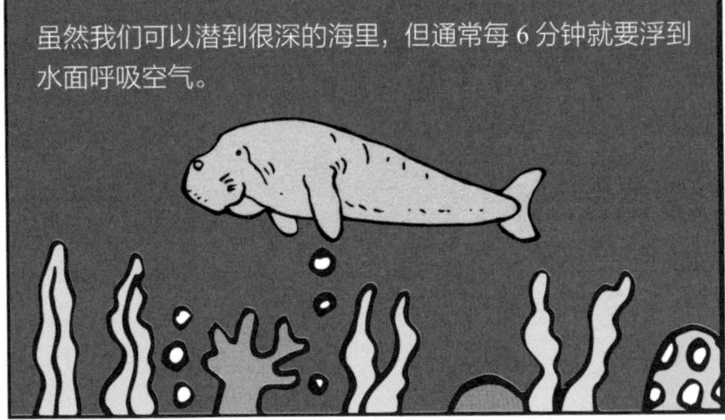
虽然我们可以潜到很深的海里，但通常每 6 分钟就要浮到水面呼吸空气。

我懂了，
你和中华白海豚一样，
都是哺乳动物。
是的呢。

不过我还是第一
次听说儒艮呢。
那你听说过
美人鱼吗？

听说过呀，小时
候长辈们老给我
讲美人鱼的故事。

美人鱼的上半身是
长头发的人类美
女，下半身是鱼的
尾巴，喜欢在月光
下唱歌。

人们口中的美人
鱼很有可能指的
就是我们儒艮。
少来，你看着
也就手臂和身体
有点像人。

你等我一下。
扑通！
你干吗呀？

你看这样是不是
像美人鱼了？
这么看确实
有点像呢。

因为我们非常喜欢吃海草，
所以有时候浮出海面时头上
还托着海草。

就像现在这样。

月黑风高的时候远远看着就像
一个美女的背影。

原来如此，
很高兴认识你，
“美人鱼”儒艮。
我也是，哈哈哈，
那么再见了。
再见!

儒艮是一种海洋草食性哺乳动物，属于海牛目儒艮科，俗称“美人鱼”，在有些地区也叫“海猪”。儒艮属于国家一级保护动物，是我国的濒危物种之一。

儒艮的体形较大，呈纺锤形，体长可达 4 米，最大体重可超过 1 吨，寿命可超过 70 年。皮肤光滑，外观呈褐色至暗灰色，体表有稀疏的毛发。

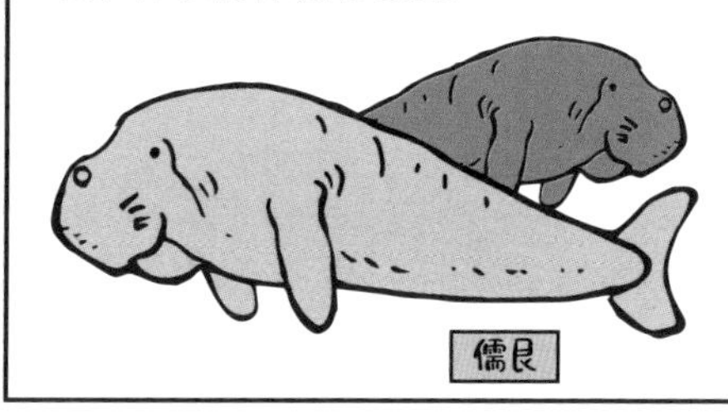

儒艮仅摄食潮下带至浅海底部生长的植物，深度约在 1—5 米，以海草与部分藻类等为食，常会吃掉整株植物。

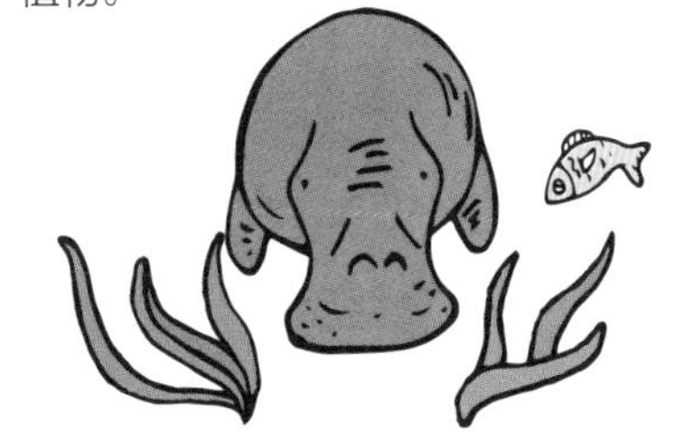

儒艮一般白天和晚上皆会进食，但在人类活动频繁的地区多半在晚上觅食。有时它们会啃食出一条清晰的海草路径，所以儒艮也被称为“水中割草机”。

儒艮属于哺乳动物，儒艮妈妈用位于鳍肢后方腋下的乳房哺育小宝宝。和中华白海豚一样，儒艮也是用肺呼吸的，所以它们经常要浮到海面换气。

儒艮妈妈在哺乳

儒艮生性温和，又因经常要浮出海面换气，有时候会顶着海草，看起来就像一个长着长发的人类少女，所以传说中的美人鱼很有可能指的就是儒艮。

有时候人们会把儒艮和海牛搞混。其实分辨的方式比较简单。儒艮的尾鳍近似海豚的 Y 形尾，而海牛的尾鳍呈圆形。

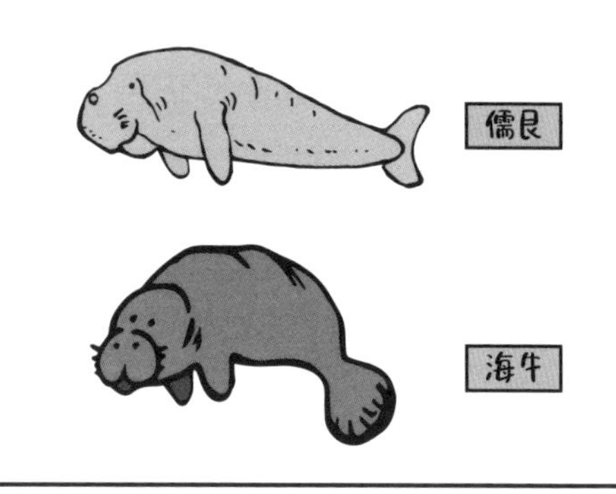

儒艮需要生活在温暖的水环境中，并且要有健康、丰饶的海草床作为觅食场所。因此，它们仅分布在太平洋、印度洋中有可食海草生长的热带、亚热带浅海区域，对生活的环境极其敏感。

由于非法捕猎、渔业拖网、炸鱼等人类活动的干扰，以及儒艮栖息地海草床退化等，儒艮的种群数量正大规模减少，生存现状堪忧。在中国的沿海已经很难看到儒艮的身影了。

我国已将儒艮列入一级保护动物，严禁捕杀，并于1992年在广西北海的合浦县设立了儒艮国家级自然保护区，目前正极力恢复当地的海草床资源。希望我们能再次见到儒艮的身影，别让“美人鱼”真的成为一个传说。

希望我们能吸取教训，保护生态环境，让儒艮等自然界的小精灵都能拥有美好的家园，自由自在地健康成长。

本回就说到这儿，“蟹蟹”收看！

第 3 回 跳水健将——斑鱼狗

蟹无敌
嗖嗖嗖

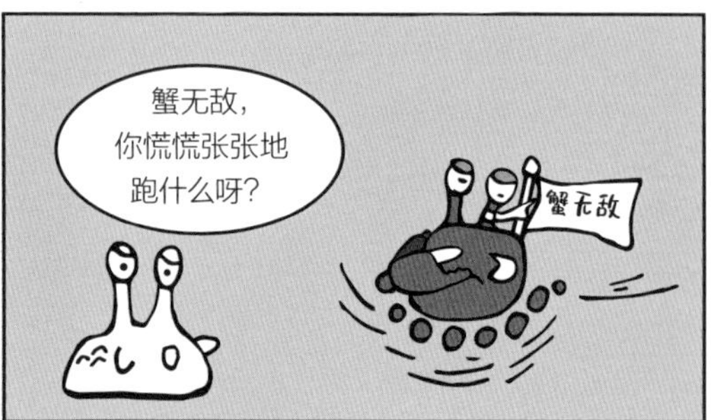
蟹无敌，你慌慌张张地跑什么呀？
蟹无敌

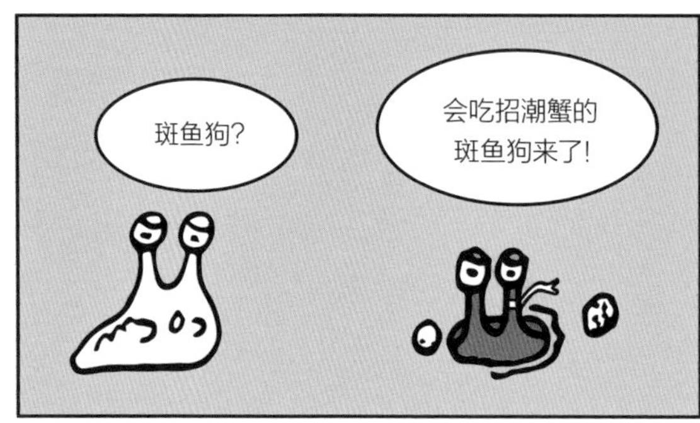
会吃招潮蟹的斑鱼狗来了！
斑鱼狗？

是长得像鱼的狗吗？
汪汪
不是的。

那是长得像狗的鱼？
不是啦。

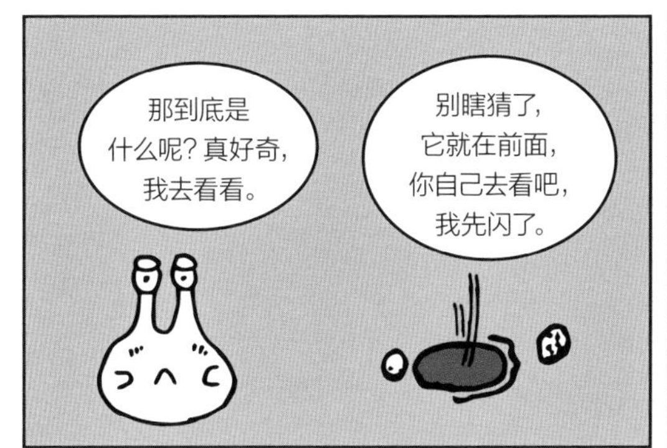
那到底是
什么呢？真好奇，
我去看看。
别瞎猜了，
它就在前面，
你自己去看吧，
我先闪了。

走啊走……
那边有只大鸟，
我问问它。

你好，
你知道斑鱼狗
在哪里吗？
嘘！一会儿再
说，现在我
很忙。

机会来了。
腾空

悬停

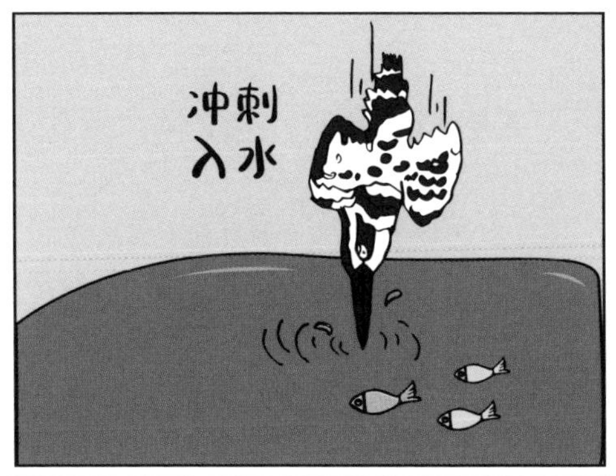
冲刺
入水

哈哈，抓到鱼啦！

嘻嘻嘻，
开吃！
这一系列
动作好熟悉呀。

我想起来了！

难道你是普通翠鸟？
不对呀，普通翠鸟的
羽毛很鲜艳的。

我不是普通翠鸟，
我可是很厉害的
跳水运动员呢！
刚才那一连串
动作，确实有几分
跳水健将的风采。

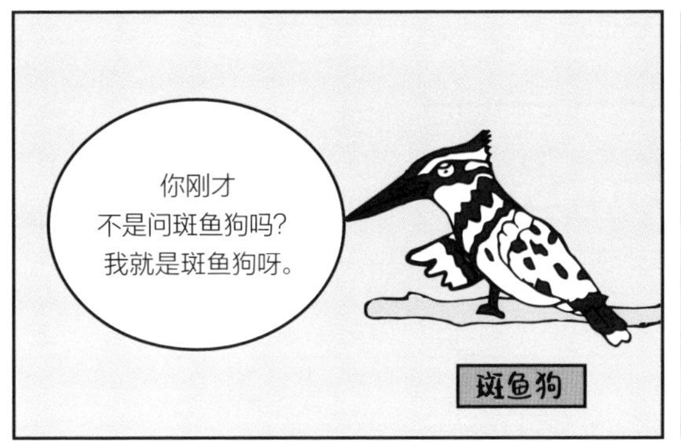
你刚才
不是问斑鱼狗吗?
我就是斑鱼狗呀。
斑鱼狗

原来斑鱼狗是
一种鸟呀! 我还以为
是狗或者鱼,
哈哈。
汪汪

我们斑鱼狗
是翠鸟科的中型鸟,
所以你会发现我们捕鱼的
技能和翠鸟很像。

在古代,“鱼狗”
指的就是擅长捕鱼
的翠鸟,加上我们
的羽毛呈黑白斑驳状,
所以叫斑鱼狗。

原来如此,
又长见识了。
好了,我要继续
捕食了,拜拜!

斑鱼狗既非鱼也非狗，是翠鸟科鱼狗属的鸟类。它们的生活习性和普通翠鸟差不多，不过体形比普通翠鸟大。斑鱼狗体长大约 27 厘米，普通翠鸟体长约 15 厘米。

斑鱼狗的羽毛以黑白两色为主，呈黑白斑驳状，当斑鱼狗收起翅膀休息的时候，远看有点像蹲着的斑点狗。

斑鱼狗主要捕食小鱼，兼吃小型甲壳类如小螃蟹等。斑鱼狗捕鱼的技巧和翠鸟一样高超。在古代，"鱼狗"又叫"天狗"，专指擅长捕鱼的翠鸟科鸟类。

斑鱼狗常在水面上空悬停，一旦锁定目标，便快速俯冲、入水，瞬间就叼起一条鱼。整个过程迅速得让人叹为观止。

斑鱼狗喜欢边飞边叫，叫声比较尖厉，人们常常循着这种叫声来寻找它们。

斑鱼狗掘洞为穴，巢穴的位置通常在岸边的砂岩壁上。

如何区分斑鱼狗的性别呢？刘博士教大家一个简单的办法：雄性斑鱼狗的胸前有两条黑色胸带，上面一条较宽，下面一条较窄，而雌鸟只有一条黑色胸带。

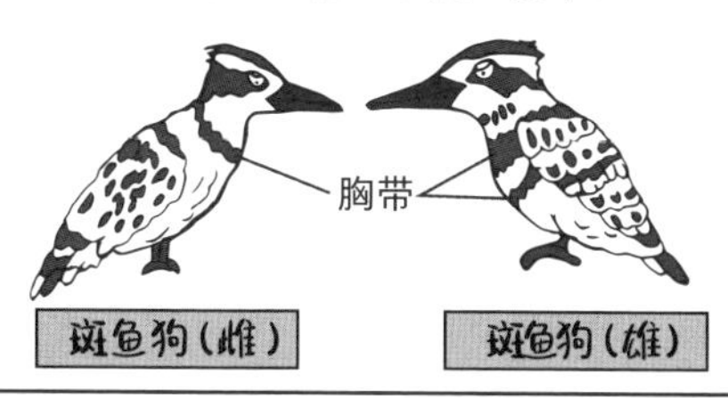

第 4 回
半夜练声的歌唱家——苦恶鸟

由于“苦恶，苦恶”的叫声太嘹亮，石小黄生气的质问声被淹没了……

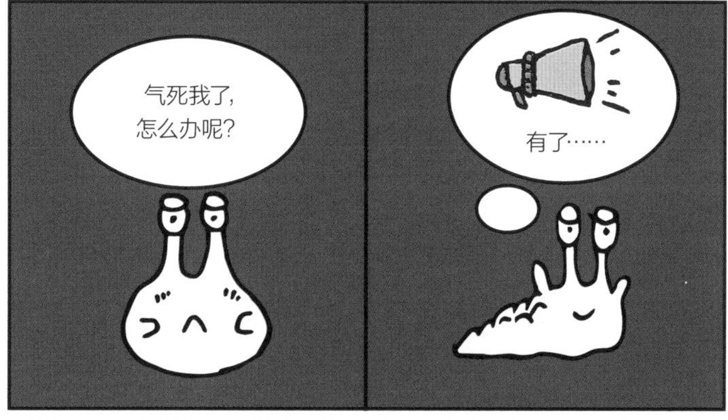

这只受到惊吓的鸟
拔腿就跑

吓死了，
先躲起来。
……

喂，小不点，你
干吗吓唬我？
看着挺大
一只鸟，胆子
怎么这么小？

谁让你大晚上
的一直叫个不停，
打扰我睡觉。
我喊你，你又
听不到，所以……

原来如此，
打扰到你休息了，
真抱歉。

你不觉得我的
叫声很动听吗？
我可是歌唱家，
要练声呢。
并不觉得，
你还是别叫了
可以吗？

不行哦，其实我们白胸苦恶鸟之所以晚上一直叫，
是为了吸引异性。繁殖期到了，我们要赶快繁衍后代。
白胸苦恶鸟

原来你叫白胸苦恶鸟，好酷的名字。
谢谢。

是因为你胸部到腹部长的是白色的羽毛，并且叫声像“苦恶”吗？
对呀。

越来越近的叫声
苦恶
苦恶
苦恶
是有异性鸟靠近了。
咦！这不是你的叫声呀。

苦恶
苦恶
苦恶
苦恶
苦恶

幸福来得太突然。
我终于可以睡个好觉啦！

白胸苦恶鸟是鹤形目秧鸡科的鸟类，在许多湿地环境中都可以看到它们的身影，如沼泽地、水稻田、芦苇丛、红树林、湖泊等。

白胸苦恶鸟很好辨认，因为它们身体的配色很独特：喙黄绿色，上喙基部为橙红色，脸、额、胸和上腹部均为白色，与背部的灰黑色形成强烈的对比，让人印象深刻。下腹部及尾下覆羽为栗红色，腿、脚为黄褐色。

白胸苦恶鸟的名字来源于它们会发出“kue，kue”的叫声，听起来像“苦恶，苦恶”。

在春夏之际，白胸苦恶鸟会彻夜不停地发出“苦恶”的叫声，因为这个时候是它们的繁殖期。它们平常喜欢待在隐秘性较好的草丛里，不容易看到同类，所以就用鸣叫的办法来吸引异性。叫声越响亮，越持久，越能表现自己身强力壮。

虽然身为鸟类，但是白胸苦恶鸟并不擅长飞行，而是擅长行走奔跑。它们无论在芦苇丛还是地上，行走都很轻快敏捷。遇到危险时，行走奔跑是它们的第一选项，迫不得已时，它们才会飞行，但一般飞行数十米就又落入草丛中。

白胸苦恶鸟成鸟色彩分明，但是它们的幼鸟却是黑不溜秋的一团。值得一提的是，它们的卵上还密布着很特别的黄褐色或紫色斑点。

本回就说到这儿，
“蟹蟹”收看！

第 5 回 唱京剧的大花脸——彩鹬

目睹了整个
过程的石小黄

孵化小宝宝
有这么辛苦吗?
一直坐在那里
不就好了吗?

哇! 白鹭,
你好。
孵化宝宝可没你
想得那么简单呀。

我们白鹭也是爸
爸妈妈轮流孵化
小宝宝。

孵化的时候既要保
证蛋的温度足够,
又不能太热。

偶尔还要站起来
给蛋翻个面，以
确保受热均匀。

在自然界，
大多是雌鸟承担
孵化宝宝的任务，
所以雌鸟可是
很辛苦的呢。

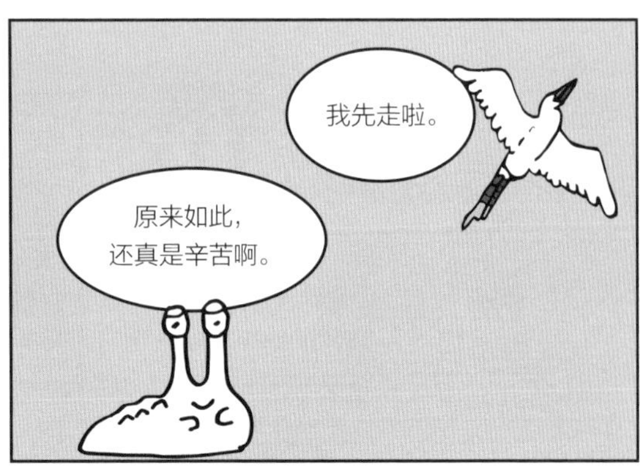
我先走啦。
原来如此，
还真是辛苦啊。

你是……？
胡说，我怎么
觉得特别轻松？

你长得像
唱京剧的。
被你看出来了，
我就是“大花脸”哦。

我叫彩鹬，孵化
宝宝的事我从来
不参与。

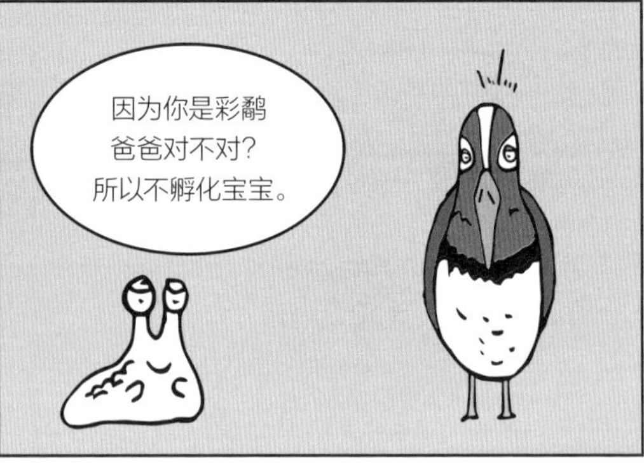
因为你是彩鹬
爸爸对不对？
所以不孵化宝宝。

不是，我是
彩鹬妈妈。
呃……
彩鹬（雌）

每到繁殖期，
我都会占域求偶
吸引雄性彩鹬。

产下卵后，孵化
小宝宝的任务就
全丢给彩鹬爸爸了。

我继续
占域求偶呀。
那不孵化
小宝宝，你干吗
去了呢？

要知道我们
彩鹬家族实行
“一妻多夫制”。
雌性彩鹬只负责
生小宝宝，孵化
小宝宝的事
由雄性彩鹬负责。

那你也
太潇洒了吧！
嘻嘻嘻！

彩鹬是彩鹬科彩鹬属的一种小型涉禽，体长 25 厘米左右，栖息于水塘、沼泽等湿地环境。

和大部分鸟类不同的是，彩鹬实行的是“一妻多夫制”，雌性彩鹬在体形上比雄性要大一些，色彩也鲜艳许多。

在自然界中，孵化小宝宝的重担大多是压在雌性动物的身上，或者是爸爸、妈妈轮流孵化小宝宝。比如在之前的漫画中我们提到过的勺嘴鹬和白鹭。

在彩鹬家族，雌性彩鹬可以说是绝对的“鸟生赢家”。不过所谓的“一妻多夫”并非指同时多夫，而是指雌性彩鹬跟一雄性交配产卵后便把孵卵育雏的事“丢”给雄性，然后再去另觅有情郎繁衍后代，真的是太潇洒了。

彩鹬生性谨慎，白天常隐蔽于草丛中，多在傍晚及晚上出来活动觅食。它们主要以虾、蟹、螺、昆虫等为食，也吃植物叶、芽、种子和谷物。

本回就说到这儿，“蟹蟹”收看！

第 6 回 海边的拾荒者——翻石鹬

我要躲在
洞里。
那我可以
躲在石头下面。
蟹无敌

那敢情好，
这样石小黄肯定
找不到我。
一会儿我用叶子
帮你遮盖洞口。

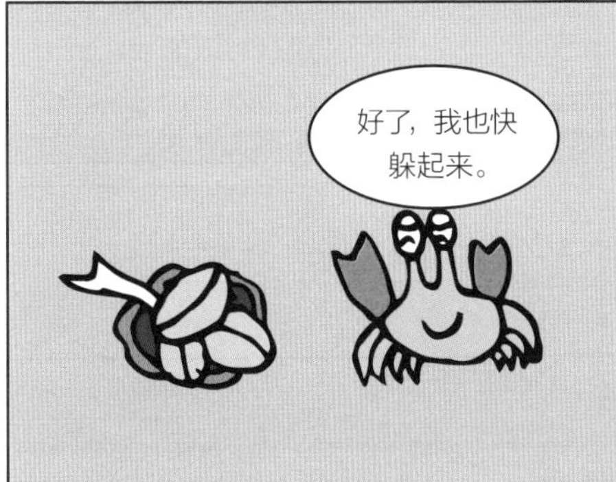
好了，我也快
躲起来。

就躲在这里。
石小黄肯定
找不到，哈哈哈！

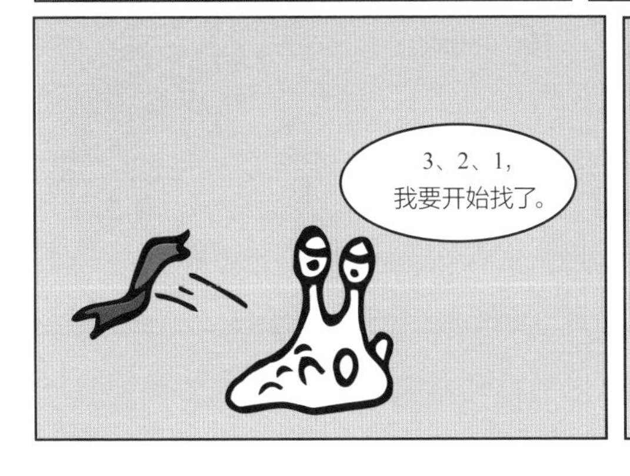
3、2、1，
我要开始找了。

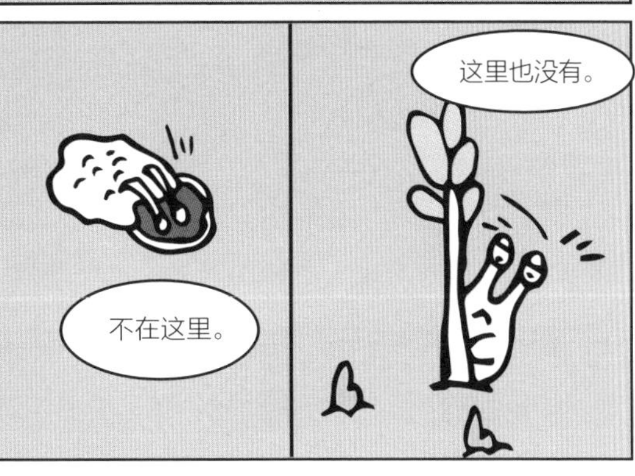
不在这里。
这里也没有。

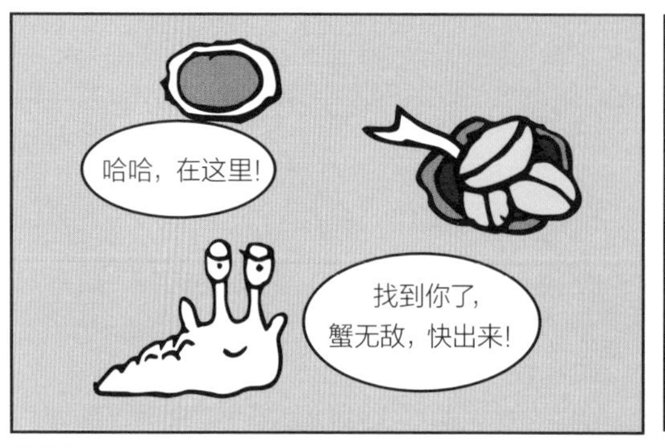
哈哈，在这里!
找到你了，
蟹无敌，快出来!

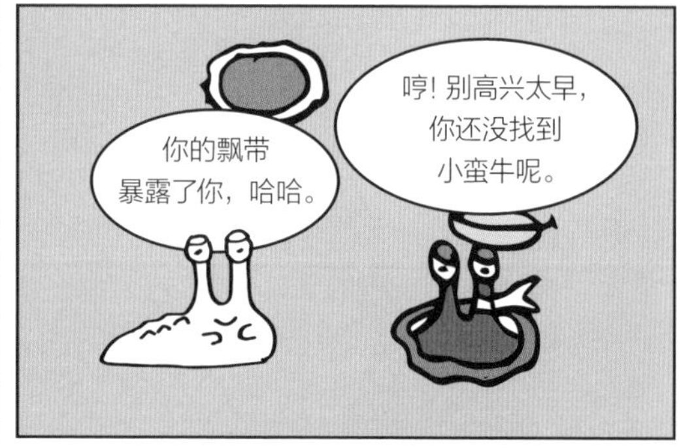
你的飘带
暴露了你，哈哈。
哼! 别高兴太早，
你还没找到
小蛮牛呢。

不好，来了
一只水鸟!
快躲到洞里，
石小黄。

这是什么鸟啊?
眼熟，可是
一时想不起来。

小蛮牛呢?
它躲在石头
下面，应该是
安全的。

作为辛勤的拾荒者，
今天也要努力工作，
看看今天的运气如何。

嘿吼!
啥都没有。

完了! 小蛮牛
有危险，那只鸟
是翻石鹬。
它翻石头
干吗呀?
它最喜欢
到处翻石头了，
其实是在找食物。

看看这块石头。
翻石鹬

找到一只!
别以为躲在石头
下面就安全了。
救命!

美味!

好厉害的
捕食技巧。
命苦的
小蛮牛……

翻石鹬是鹬科翻石鹬属的鸟类，因为喜欢用喙翻开石头觅食而得名。

翻石鹬体长约 23 厘米，长得矮胖矮胖的，相当可爱。在繁殖期，翻石鹬的繁殖羽十分醒目，脸部由黑白交错的羽色组成，再加上显眼的栗红色翅膀和红色的双脚，看上去更加与众不同。

翻石鹬（繁殖期）

而在非繁殖期，翻石鹬羽色较淡，头及颈部呈现棕褐色。

翻石鹬（非繁殖期）

翻石鹬（繁殖期）

大部分鹬科鸟类会用长长的喙插入泥土中搜索猎物进行觅食。由于翻石鹬的喙比较短，又有点微微上翘，所以它们并不适合这种常规的方式。它们另辟蹊径，觅食时会翻开海草或小石头来捕食藏身其下的螃蟹、沙蚕等小动物。

除了爱吃活的小动物，它们对一些动物的腐肉也来者不拒，像刚死不久的鱼、虾、螃蟹等。不管死的还是活的，都是翻石鹬的心头爱，真是不挑食的好孩子。

翻石鹬

罗理想 供图

本回就说到这儿，“蟹蟹”收看！

第 7 回 锄强扶弱的海底女侠——水母

就在鱼群惊慌失措的时候……

就在石小黄疑惑不解的时候，从远处游来了一条大鱼……

嘿！！！
瞧我的！
哎哟！哎哟！
好麻……
像被针扎了
一样，还好
跑得快。
大鱼逃跑了，
谢谢水母姐姐！
没什么，
嘻嘻。
没想到你这么
厉害，之前是我见
识浅薄，别在意哈。
别看我
长得柔弱。
我的触手
遍布刺细胞，可以
麻痹敌人，是相当
厉害的武器呢！
原来如此，
给你点赞！

水母是水生环境中重要的浮游生物。水母种类繁多，有钵水母纲、立方水母纲、十字水母纲等。

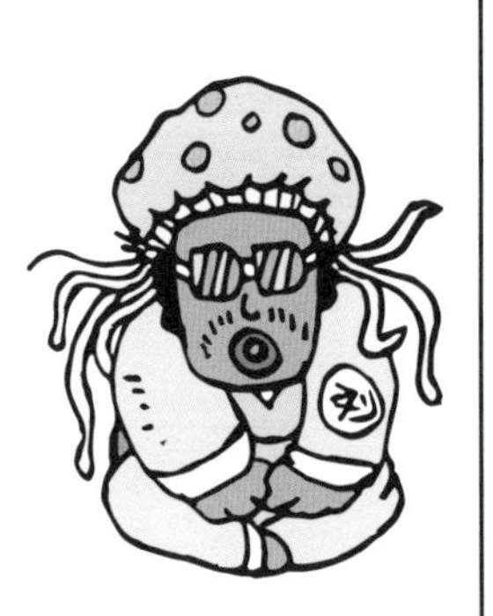

我们日常所熟知的水母的身体大多分为伞部和口腕部。

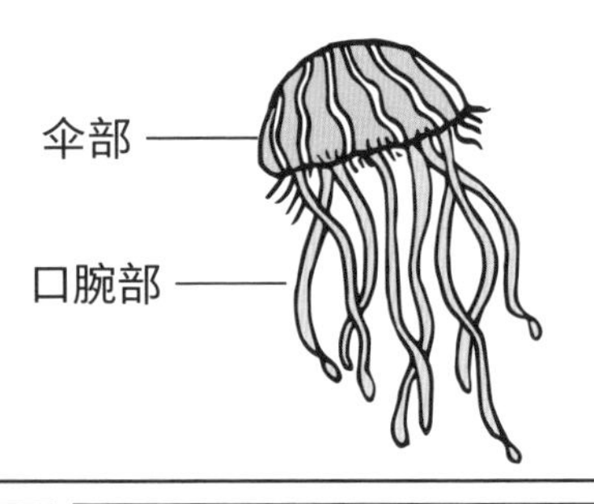

而我们平常所说的海蜇属于钵水母纲下的根口水母目。海蜇经过加工腌制后伞部被称为“海蜇皮”，口腕部被称为“海蜇头”。

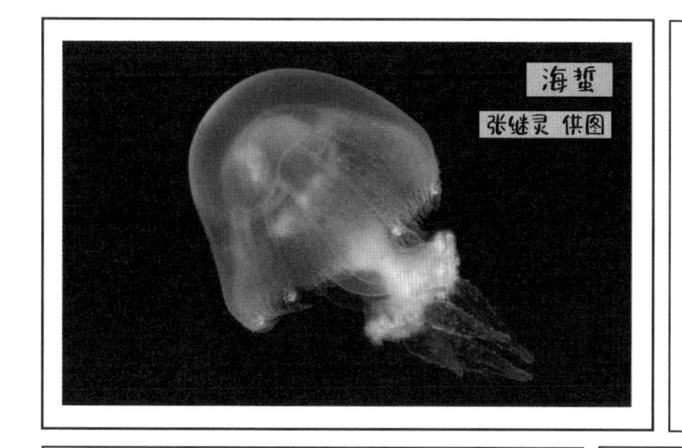

海蜇身体中 95% 以上都是水。渔民把海蜇捕捞上岸后，为了避免海蜇化水，会用明矾处理，使海蜇迅速脱水，让蛋白质凝固，还能杀菌消毒，这样就可以将其长期保存了。

水母的一生要经过不同的阶段，身体的外形也在不停地变化。

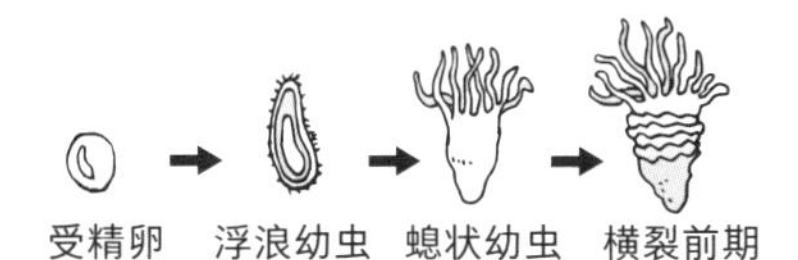

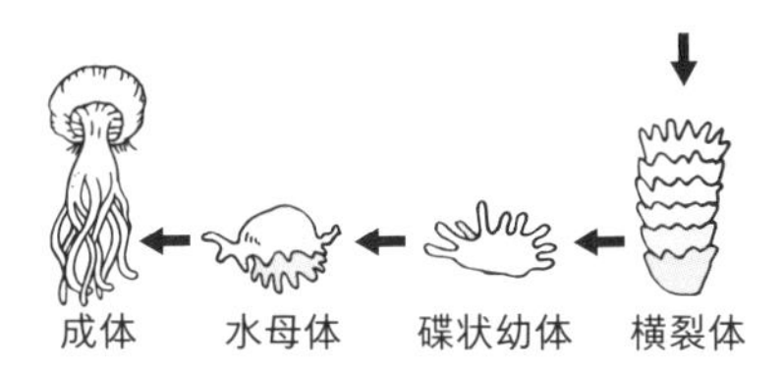

虽然水母看起来美丽柔软、人畜无害，但实际上大部分的水母都是有毒的，而且凶猛异常。水母的致命武器就是它的触手。

原来水母的触手上布满了刺细胞，像毒丝一样可以刺破皮肤，将毒液注入猎物体内，麻痹猎物，然后将其吸入伞状体下，分泌酶将猎物消化。

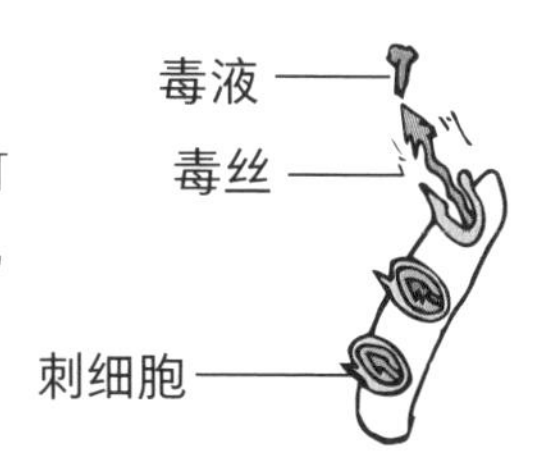

虽然水母十分凶猛，但它们和一些小虾小鱼如小牧鱼是友好的共生关系。遇到危险时，小牧鱼会躲到水母的触手中，将其作为自己的避难所。小牧鱼体形小巧灵活，并不会被水母的触手伤到。

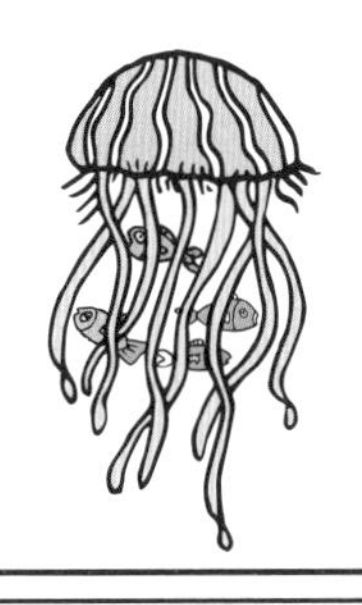

水母算半个瞎子，虽然在伞部边缘的缺口中有眼点，但只能感受光线的强弱。为了回报水母的庇护，小牧鱼便充当了水母的耳目，帮助水母感知危险。有时候小牧鱼还会引诱大鱼进入水母的狩猎范围，帮助水母捕食，自己则会享用水母吃剩下的残渣剩饭，可谓双赢呀！

水母中毒性较强的当是立方水母纲，其外形微圆，像一只方形的箱子。特别是澳大利亚箱形水母，人若触及其触手，30 秒钟后便会死亡。除此之外，水螅虫纲下的僧帽水母毒性也很强。

水母这么危险，难道可以称霸海洋了吗？其实水母还是有它的天敌的，比如棱皮龟和翻车鲀。翻车鲀的外皮很厚，可达 7 厘米，根本不怕水母的刺细胞攻击。棱皮龟在捕食水母的时候还会从伞部“开刀”，从而避开有毒的触手。

棱皮龟

翻车鲀

本回就说到这儿，“蟹蟹”收看！

第 8 回 海葵的清洁工——小丑鱼

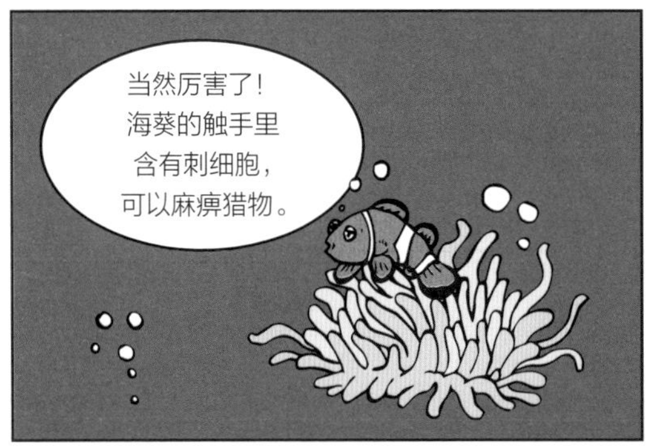
当然厉害了！
海葵的触手里
含有刺细胞，
可以麻痹猎物。

刺细胞？
那不是和水母
一样吗？

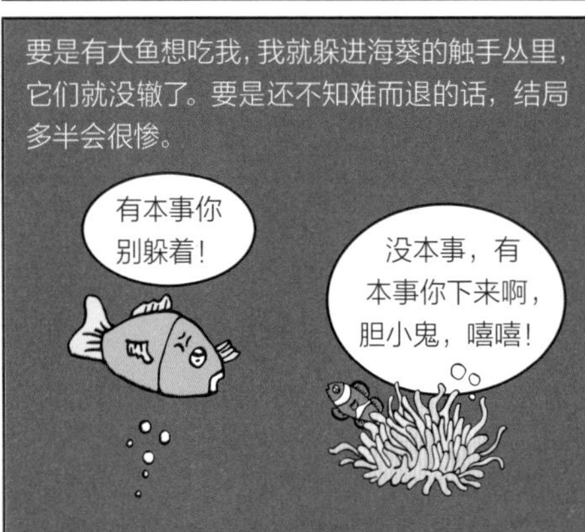
要是有大鱼想吃我，我就躲进海葵的触手丛里，它们就没辙了。要是还不知难而退的话，结局多半会很惨。
有本事你
别躲着！
没本事，有
本事你下来啊，
胆小鬼，嘻嘻！

你出来！
你出来！
你下来！
你出来！
你下来！
你下来！

气死我了，
你等着！
来啊来啊，
胆小鬼！

哇呀呀
海葵，
快保护我！

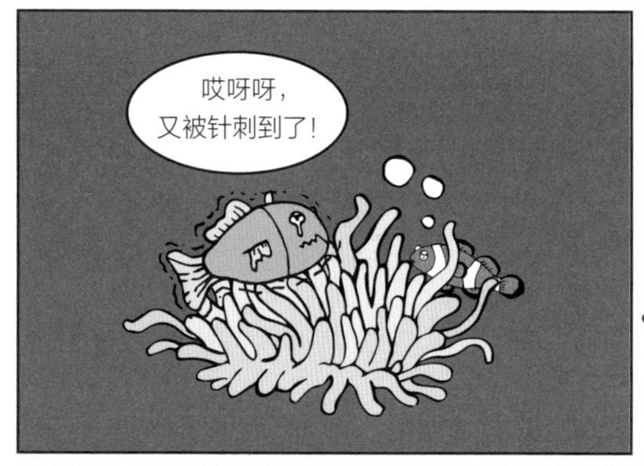
哎呀呀，
又被针刺到了！

嘻嘻嘻！
呜呜呜……
为什么受伤的
总是我？

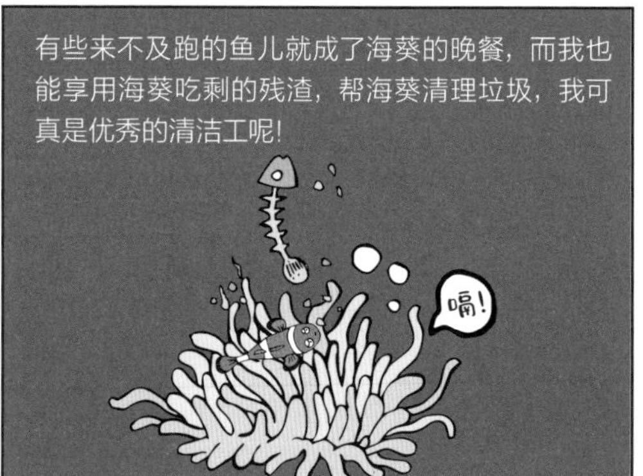
有些来不及跑的鱼儿就成了海葵的晚餐，而我也能享用海葵吃剩的残渣，帮海葵清理垃圾，我可真是优秀的清洁工呢！
嗝！

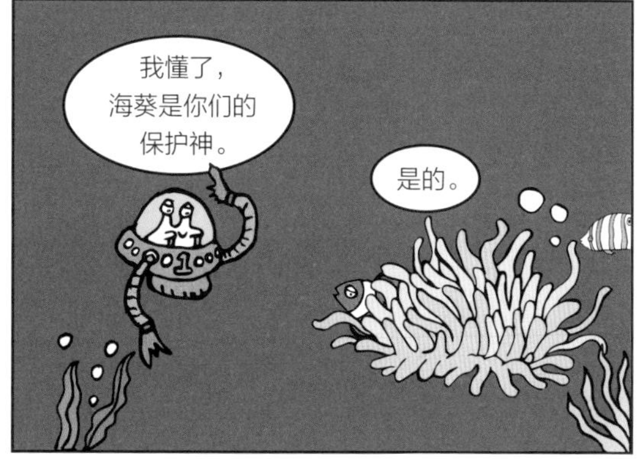
我懂了，
海葵是你们的
保护神。
是的。

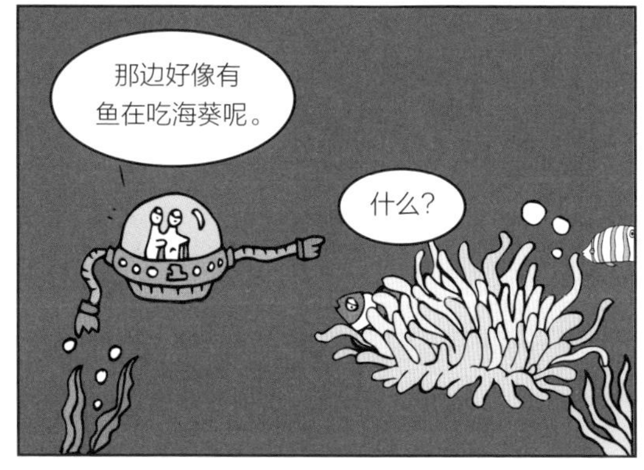
那边好像有
鱼在吃海葵呢。
什么？

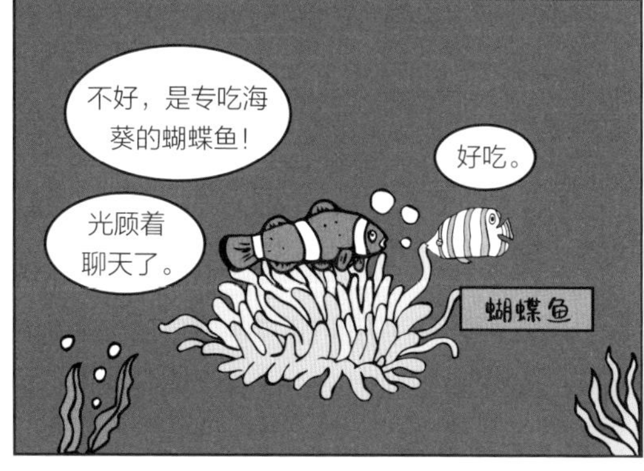
不好，是专吃海
葵的蝴蝶鱼！
好吃。
光顾着
聊天了。
蝴蝶鱼

好凶啊。
快走开，不然我不客气了。
好像惹不起。

哼，别再来了！
我走还不行吗？

原来你也保护着海葵，真是互相帮助的好朋友。
是啊！

小丑鱼是雀鲷科海葵鱼亚科下所有小鱼的统称。小丑鱼和海葵是典型的互利共生的关系。

海葵通常吸附在岩石等基质上，行动范围有限。而小丑鱼可以引诱其他鱼类进入海葵的攻击范围，帮助海葵捕食。小丑鱼享用海葵吃剩的残渣，协助其清理身体，还会赶走海葵的天敌，比如蝴蝶鱼。

海葵的触手布满了刺细胞，能够刺破皮肤，将毒液注入猎物体内，使猎物麻痹丧失抵抗力。因此海葵能很好地保护小丑鱼。

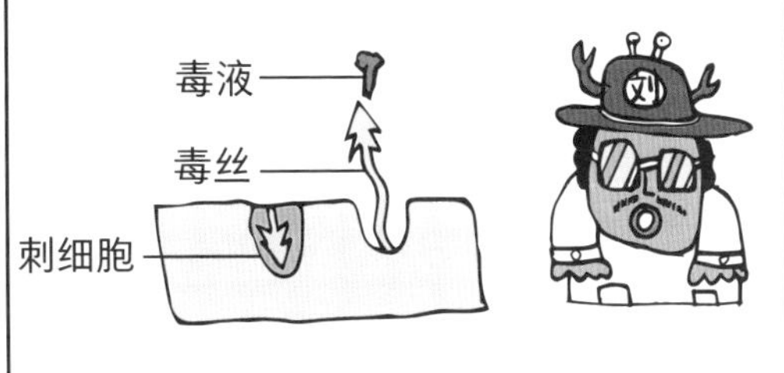

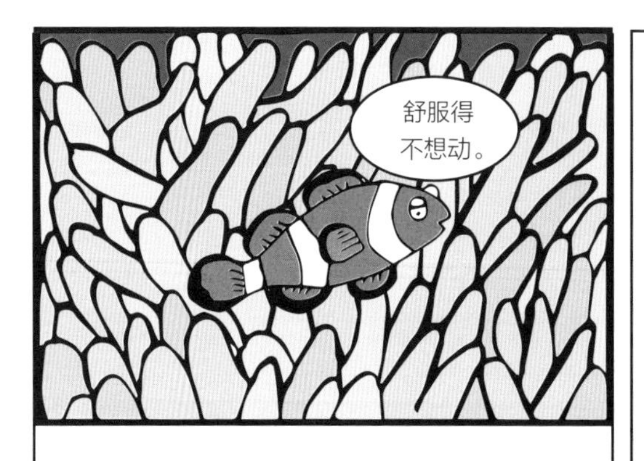

但是大家是不是有个疑问：既然海葵的触手有毒，那么为什么小丑鱼可以在海葵的触手丛里自由穿梭却不会被攻击呢？

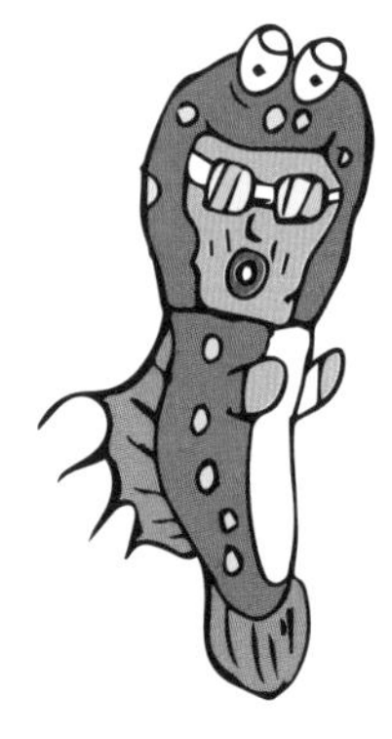

是因为小丑鱼天生免疫海葵的毒素吗？不是的。其实它们形成共生关系需要一个适应的过程，且听我慢慢道来。

原来，小丑鱼的体表挂了一层厚厚的黏液，这些黏液可以抑制海葵触手刺细胞的弹出，以此保护小丑鱼的安全。

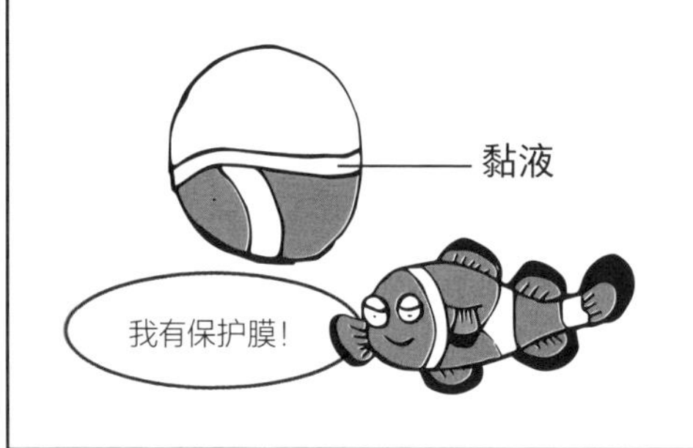

而这层重要的保护黏液正是小丑鱼小心翼翼地从海葵身上慢慢蹭来的。等到小丑鱼全身都涂满了黏液，它就不会被海葵的触手蜇伤，这也意味着共生关系的正式建立。

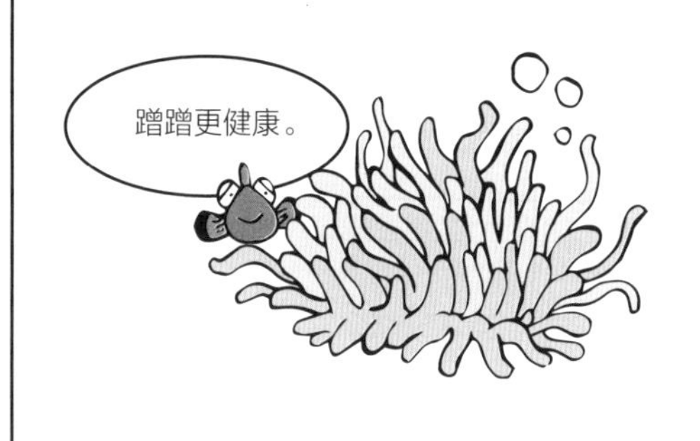

在一个海葵上共生的小丑鱼通常不止一只。处于首领地位的是体形最大的雌鱼（仅有一只），首领的配偶是体形次之的雄鱼（也仅有一只），其他的小丑鱼都是没有性别之分的雌雄同体。

首领：雌性　配偶：雄性　其他：雌雄同体

小丑鱼的等级森严，在种群中唯一有生育权利的只有雌鱼首领和雄鱼配偶，其他的鱼只是替补的路人甲，连性别都没有。

在雌鱼死亡或者消失后，雄鱼会变成雌鱼。而其他的没有性别的鱼，其中体形最大的一只会变成雄鱼。

本回就说到这儿，“蟹蟹”收看！

第 9 回

刀客与拳王——皮皮虾

就这样，石小黄跟着大鱼踏上了寻找拳王皮皮虾的路，谁知半路发生了意外……

嗖!

哎呀
嗖!

咦?大鱼呢?一眨眼就不见了。
肯定被皮皮虾抓走啦。
!!!

皮皮虾,出来吧!我们比画比画。

你就是拳王皮皮虾?
拳王皮皮虾?你弄错了吧。

我是皮皮虾没错,但我不是拳王,我是刀客皮皮虾。看到我这两把大镰刀没?

好吧。
拳王皮皮虾是
我表哥，我带你
找它去吧。

皮皮虾，我们走！

你就是拳王啊？
表哥，它想
和你比拳。

算了吧，
我的拳头很凶狠的。
你看，这些贝壳
都是我打碎的。
蝉形齿指虾蛄

你不会怕了吧？
看你长得花里胡哨的，
好像也没什么真本事，
就会吹牛。

哈哈，我就没怕过，还不是看
你是漫画主角，把你打伤了那
就不好了。这样，我们来个文
斗吧，这儿有两个瓶子，我们
打瓶子吧。

看我的！嘿。

我真的太棒了！
到你了。

嘿！

砰！

哗啦啦！
我的天，
太厉害了。

你果然是
海底拳王，
膜拜！
那是当然。

说到皮皮虾可能大家都不陌生，毕竟是一道美味的海鲜。但是很少有人知道在被端上餐桌前，它们可是海底一霸，非常凶猛。

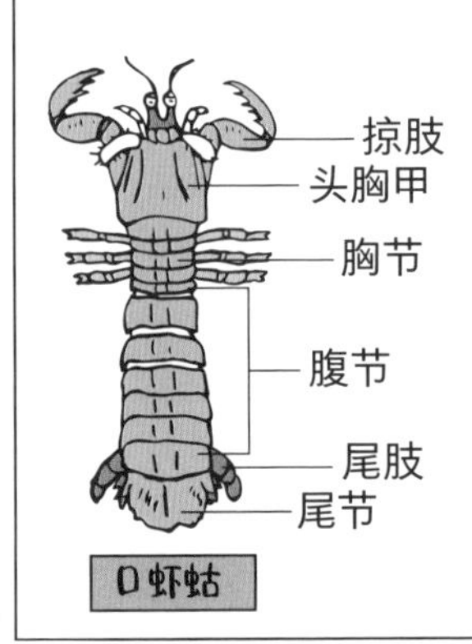

皮皮虾其实不是虾也不是螃蟹，而是口足目的一类动物。我们常吃的那一种皮皮虾，中文正名叫口虾蛄。全身覆甲，像刀锋战士一样，长有一对锋利的掠肢，这是它的捕食工具和御敌利器。

这种长有两把“镰刀”的皮皮虾，在捕食的时候会隐藏在洞穴里，只露出两只眼睛，一旦有猎物靠近，就会迅速地弹出掠肢，把猎物钩回洞中慢慢享用。

这种皮皮虾攻击的速度极快，科学研究显示它在动物攻击速度排行榜上名列第二，仅次于兵蚁。皮皮虾甚至可以夹断人类的手指，所以刘博士劝那些想去“调戏”皮皮虾的小伙伴要好自为之，因为后果可是很严重的。

相比于躲起来偷袭的“刀锋战士”口虾蛄，另一种皮皮虾就更厉害了。它们擅长和对手正面对抗，这就是拥有一对“大拳头”的蝉形齿指虾蛄。

蝉形齿指虾蛄色彩鲜艳，主要由绿色和红色组成。这种皮皮虾的掠肢折叠起来后就像一个大拳头，是它们攻击猎物的利器。

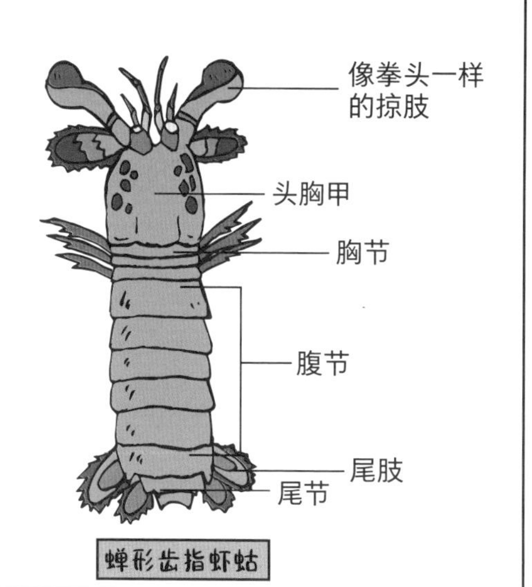

蝉形齿指虾蛄在捕食的时候会悄悄地靠近猎物，然后弹出它的“大拳头”猛烈地击打猎物，可以轻易地把螃蟹、花蛤等动物的外壳击碎，再大快朵颐。

蝉形齿指虾蛄重拳出击速度非常快，可以在 $1/50$ 秒内将“拳头”射出去，瞬间加速到 80 千米 / 小时，加速度超过手枪子弹，它在击中猎物的时候的出拳力量可达 150 公斤。

这是什么概念呢？据说李小龙的平均出拳力度是 159 公斤，“拳王”邹市明的是 155 公斤。

螃蟹、花蛤的外壳在这种强度的攻击下根本不堪一击，除了碎壳能有什么办法？据说蝉形齿指虾蛄能够轻易击碎水缸的玻璃，所以不要想着把它们当宠物养在家里哦。

蝉形齿指虾蛄的“出拳”速度太快了，快到可以产生超空穴效应——简单来说，就是会形成空穴冲击波，产生二次击打。就算猎物侥幸逃过第一次攻击，也会被冲击波击中。

更可怕的是，它们的每只眼中都有 3 个瞳孔，可以分辨 16 种原色，而人类只能分辨红、绿、蓝 3 种原色。人类看到的色彩是它们的几百分之一甚至千分之一。

拥有这么一双眼睛，它们可以看到红外线、紫外线，能精准地分辨物体的距离远近。有着恐怖的攻击武器加上看透一切的眼睛，皮皮虾可以称霸海底，也就不足为奇了。

本回就说到这儿，
“蟹蟹”收看！

第 10 回

海中医生——清洁鱼

过了一会儿，“浓雾”散去……

别说没用的，
快想办法帮我
洗干净呀。
我不会清洁。
别着急，让我
想想办法。

可我没钱啊。
对了，我听说海
里有专门负责清
洁的清洁鱼。

太好啦！
你可别骗我，
我这就去。
是免费的，好像
就在那边的珊瑚礁。

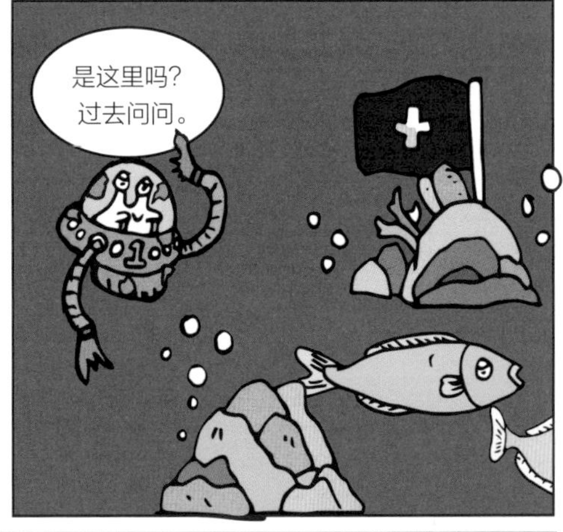
是这里吗？
过去问问。

请问你是
清洁鱼吗？
不是哦，
我也是来找清
洁鱼帮忙的。

这么多鱼，
哪条是清洁鱼？
身上有
条纹的那只。
它好小呀。
这些排队的
鱼都是慕名而来
找清洁鱼的。
你哪里
不舒服呀？
嘴巴。
清洁鱼
海鳗
我看看。
天啊，清洁鱼
被吃掉了吗？
放心，清洁鱼
正在帮它清理
嘴里的寄生虫和
死皮，是不会被
吃掉的。
感觉舒服多了，
谢谢你！
真的啊。
你看这不是
没事吗？

生活在海里的鱼类经常会长寄生虫，如果不定期清理，很容易生病甚至威胁到生命。还好有清洁鱼可以帮助其他鱼类吃掉寄生虫和死皮，就像海里的医生一样。所以就算再凶狠的鱼类也不会在做“治疗”的时候吃掉清洁鱼的，哪怕就在嘴边。

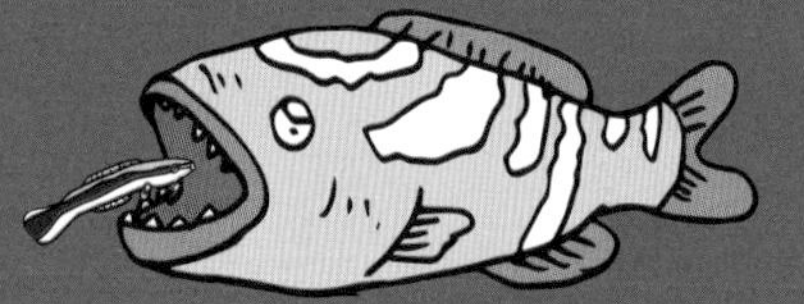

那清洁鱼会帮我清理“海洋一号”身上的污渍吗？

这我就不知道了，慢慢排队等吧。

等啊等，终于轮到石小黄了

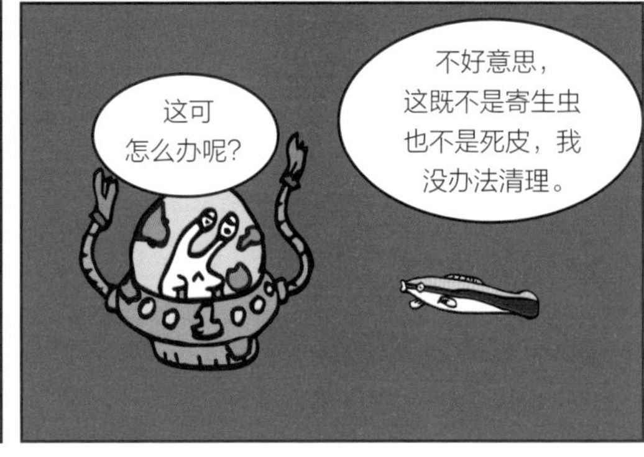

石小黄的“海洋一号”可能要去洗车店才能洗干净，又得花一笔钱了，心疼它一秒。

清洁鱼又被称为“医生鱼”，它们可以帮其他鱼类检查身体，吃掉寄生虫和死皮，保证鱼的身心健康。

清洁鱼对其他鱼类非常重要。有实验表明，如果将一片水域中的清洁鱼全捞走，没过几天，这片水域就只剩下奄奄一息的病鱼，死气沉沉。如果把清洁鱼重新放回，这片水域不久就又会恢复往日的热闹场景。

清洁鱼有很多种，其中较有名的是漫画中的裂唇鱼。清洁鱼的体形娇小，体表大多有蓝、白条纹，像是特殊的工作服。其他鱼儿只要看到这种色系搭配就知道是遇到“鱼医生”了。

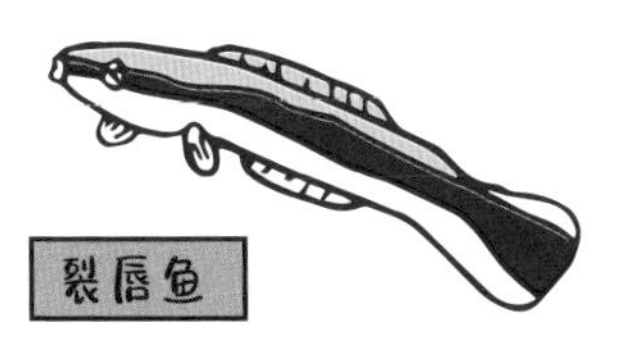

而清洁鱼识别“病人”的方法是跳一段特殊的“舞蹈”。它们用身体摩擦大鱼的背部、鱼鳍等部位，如果对方张开嘴，一副呆呆的模样，就是“病人”了。如果对方没有任何反应，那说明只是路过的鱼。

清洁鱼和其他鱼类之间的“医患关系”建立在互利互助、互相信任的基础上。清洁鱼在免费帮其他鱼类清理身上寄生虫的同时，自己也解决了吃饭的问题。所以清洁鱼可以放心地游到大鱼鳃腔和嘴里进行检查，而不用担心被吃掉。

科学家发现，当没有其他大鱼旁观的时候，清洁鱼会选择吃大鱼身上的黏液而不是寄生虫，因为清洁鱼更喜欢前者。

这种时候大鱼会不由自主地摆动身体表示“抗议”。而其他鱼会主动避开那些经常让“病人”身体摆动的清洁鱼，它的“生意”就会相对冷清。

所以为了建立比较好的信誉，当有其他大鱼围观的时候，清洁鱼会开始清理寄生虫。“病人”身体摆动的次数就会下降，这样可以吸引更多的“病人”来照顾它的生意。

除此之外，裂唇鱼还有自我意识，它们可以认出镜子里的不是别的鱼而是自己。这种自我意识可是人类和少数动物如黑猩猩、大象才拥有的哟。

本回就说到这儿，“蟹蟹”收看！

第 11 回
搭顺风车的懒乘客——鲫鱼

烦死人了，你
快走开，不然我
不客气了。
我只不过想
搭个便车，别对
乘客这么凶。

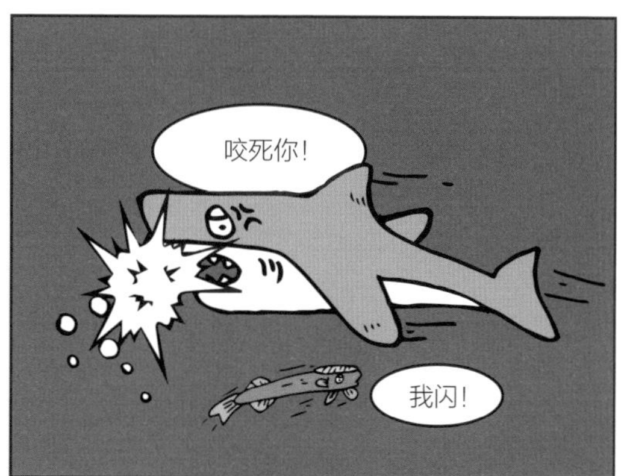
咬死你！
我闪！

气死我了！
我再闪！

累死我了！
你快走，今天放
过你。
你累了呀？
看我的。

又来？
看我
灵巧翻身。

讨厌！
贴上。

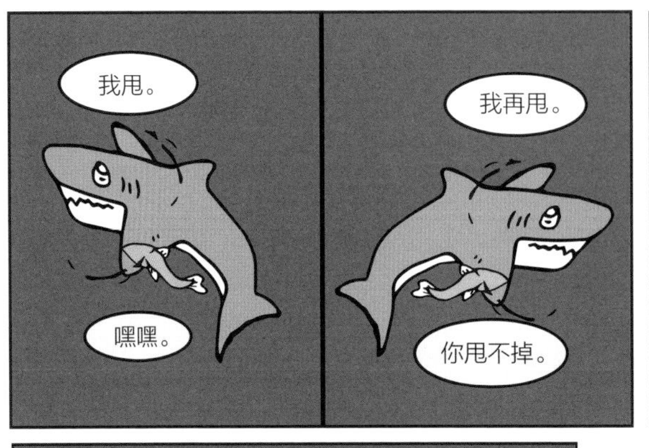
我甩。
嘿嘿。
我再甩。
你甩不掉。

累死我了，
怎么贴得这么紧。
上次你甩不掉，
这次就甩得掉吗？
不长记性，哈哈。

就算甩不掉，
这次也绝不让你
免费搭便车了。
我不游不就
行了吗？哼！
那走着瞧呗，
嘻嘻！

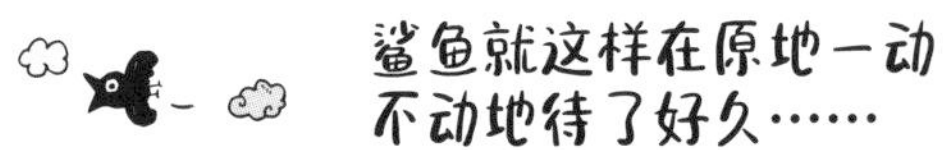
鲨鱼就这样在原地一动
不动地待了好久……

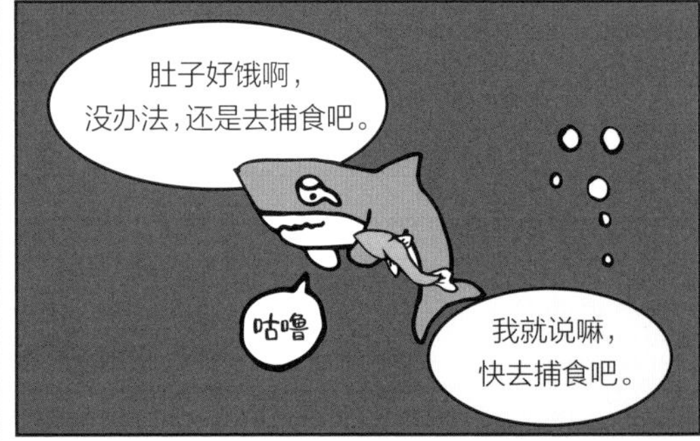
肚子好饿啊，
没办法，还是去捕食吧。
咕噜
我就说嘛，
快去捕食吧。

你闭嘴！
哇，兜风去了！
游快点，嘻嘻。

哇，有的吃了。
大佬你太棒了！

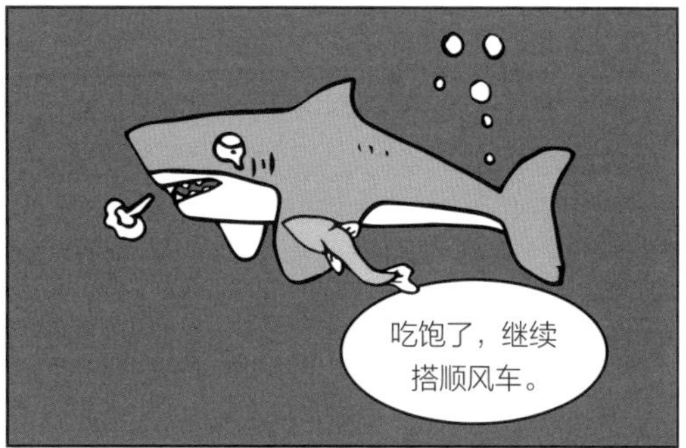
吃饱了，继续
搭顺风车。

我说，你搭顺风车
就算了，还要蹭吃蹭喝，
好歹帮我吃掉身上
的死皮和寄生虫啊，
太过分了！
帮你清理？
看心情吧，哈哈！

这不是鲨鱼吗？
怎么愁眉苦脸的？
是石小黄和
“海洋一号”啊。
石小黄是谁？
厉害吗？

那是当然！
比我厉害。
比你还厉害吗？

终于下来了，
我快溜。
你想干吗？
太好了，
找到新司机了！

贴贴！
你快下来！

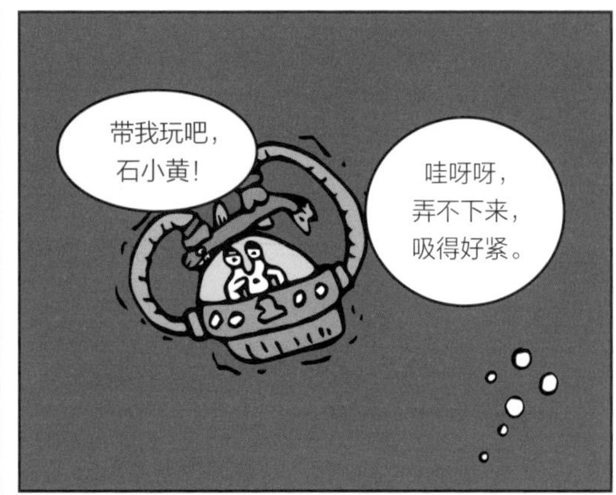
带我玩吧，石小黄！
哇呀呀，弄不下来，吸得好紧。

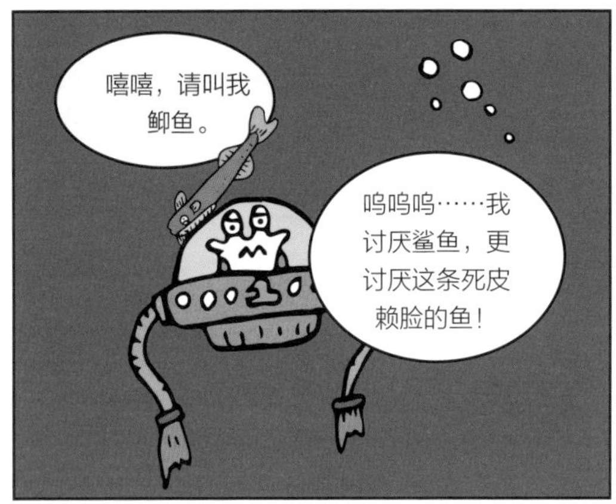
嘻嘻，请叫我鲫鱼。
呜呜呜……我讨厌鲨鱼，更讨厌这条死皮赖脸的鱼！

缠着鲨鱼和石小黄搭顺风车的鱼叫鮣鱼，也叫印头鱼，是一种极其懒惰的鱼。

鮣鱼身体细长，头部扁平，是一种极度特化的鱼种。最大的特征是头顶中央有一个扁平的吸盘，就好像头上顶着一个印章一样。

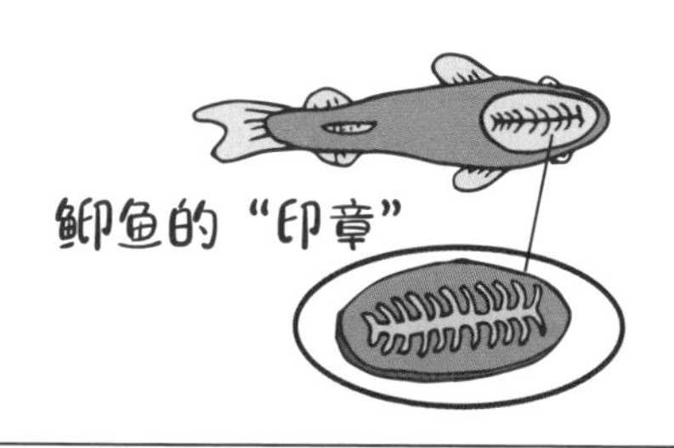

鮣鱼的吸盘是由背鳍棘特化而来的。当找到可吸附的对象时，鮣鱼就把头贴在它们的身上，排出吸盘里面的水形成真空，这样就牢牢地吸在其他生物的身上了。

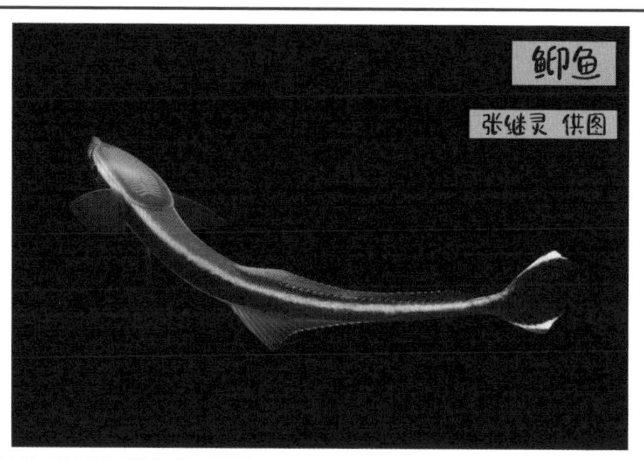

䲟鱼特别懒，自己不喜欢游动。它们常吸附在鲨鱼、海龟、蝠鲼等大型生物的身上，寻求庇护。

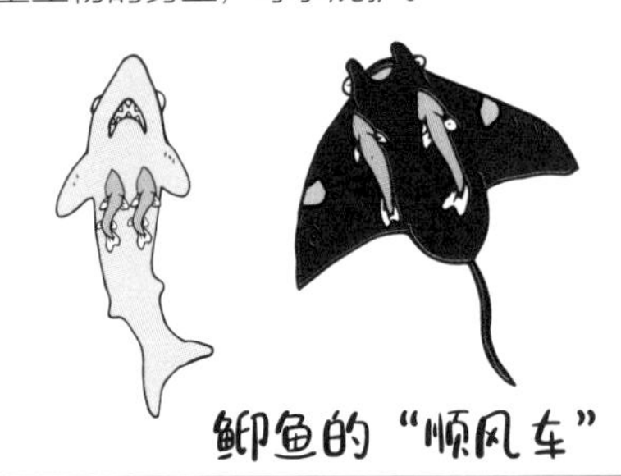

有人曾经测定，一条 60 厘米长的䲟鱼，竟然可以承受被 20 斤的物体拉动而保持不动，其他鱼类轻易甩不掉它。

䲟鱼其实游得很快，鲨鱼很难抓到它，所以䲟鱼可以肆无忌惮地靠近鲨鱼等危险生物，开启它的“免费旅行”。除此之外，䲟鱼还蹭吃蹭喝，免费吃鲨鱼的残渣剩饭，真的是懒到家了。有时候它们还会吃鲨鱼身上的寄生物，不过这得看它的心情。

那么䲟鱼会一直搭乘一辆“顺风车”不下车吗？其实不会。只要到达食物丰富的地方，䲟鱼还是会下车自己觅食，吃饱后再寻找另外一辆“顺风车”。

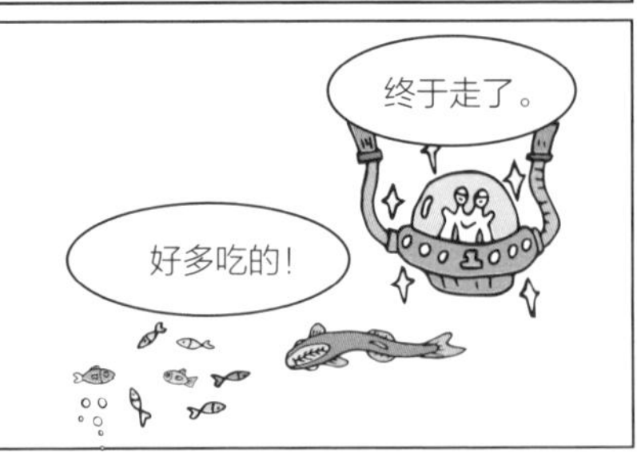

鲫鱼吸力强的特点还能帮助渔民捕鱼。渔民在抓到的鲫鱼的尾鳍上绑上绳子，然后把它们丢入海里，一旦鲫鱼遇到大鱼，就会吸附上去，渔民也就轻松捕捉到大鱼了。

本回就说到这儿，“蟹蟹”收看！

第 12 回
老爱翻车的慢司机——翻车鲀

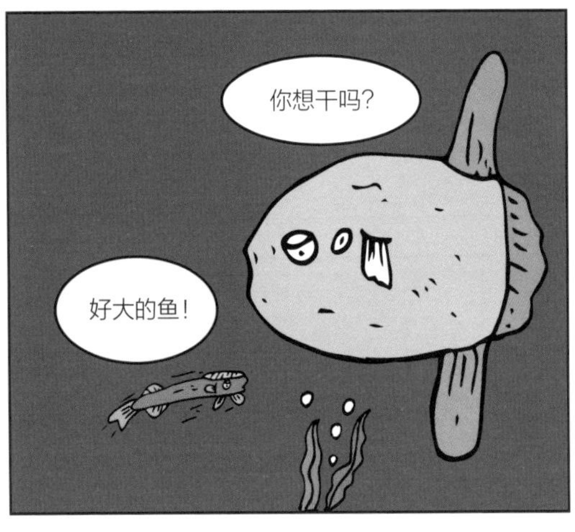

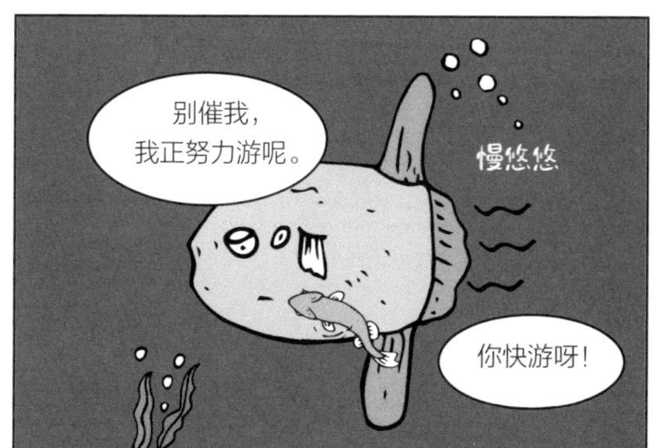
别催我，
我正努力游呢。
慢悠悠
你快游呀！

……
你游得也太慢了，
海龟都超过你了。
我还是搭
海龟的车吧。

累死我了。
多谢你把鲫鱼
弄走了，不过你
怎么游这么慢？

你看我长成这样，
像擅长游泳的吗？
确实长得
好奇怪。

你的头好大，
身体比例不是
很协调啊！

别取笑我了，我是翻车鲀，也叫翻车鱼，我也不想长成这样。
翻车鲀？好酷的名字呀！

酷什么呀？因为我们经常侧身平浮于海面，就像开车翻车了一样，所以被称为翻车鲀。
翻身

其实那是我们在海面晒太阳，顺便让海鸟帮我们清理身上的寄生虫。

虽然我们体形庞大，但游泳技能很差，经常被其他动物欺负。

有时候身体都被
海豹啃缺了，想跑
却跑不了，就因为
游得太慢了。

你游这么慢，
又没什么战斗力，
你们的种群不是
很容易灭绝吗？

是呀，但好在我们有
超强的繁殖能力，
每次可以产很多的卵，
勉强延续了下来。
果然是天无
绝鱼之路。

翻车鲀也叫翻车鱼，又叫太阳鱼，是世界上最大的硬骨鱼。它们的体重可以达到 2 吨，体长可达 5 米,体宽可达 3 米。翻车鲀栖息于热带和亚热带海洋，也见于温带或寒带海洋，是一种相当蠢萌的鱼。

一般的鱼类由头部、身体、尾部构成，三个部分的比例比较协调。翻车鲀却长得很特别：它身体侧扁，尾部很短，显得头很大，远远看上去就像一个游动的大鱼头。

翻车鲀没有腹鳍，胸鳍短小，尾鳍消失，游泳全靠背部和腹部两片长背鳍和臀鳍的摆动来控制方向。再加上体形庞大，翻车鲀游得非常慢，速度只有每秒 0.4—0.7 米，比人走路还要慢。

由于翻车鲀不擅长游泳，它们经常会被洋流推动而搁浅在沙滩上，活活渴死。

在海里游得慢还会被其他动物欺负，如海豹就可以轻易地捕食翻车鲀。但好在成年翻车鲀的表皮很厚，腹部皮肤可厚达 7.3 厘米，一般的动物咬不开。不然以翻车鲀这种速度，只能任人宰割了。

大部分鱼类都是冷血动物，翻车鲀却是少见的“恒温鱼”。因此它们经常会侧躺在海面晒太阳提高体温，顺便吸引海鸟帮它们清除寄生虫。

按理说翻车鲀这么弱，早该灭绝了才对。但翻车鲀有一项特殊的技能：生殖能力超强。一般鱼类每次产卵在 30 万枚左右，翻车鲀一次就是 3 亿枚，但是存活率比较低，约千万分之一。正是靠着这个特殊的技能，翻车鲀家族才能世世代代地延续着种群。

本回就说到这儿，“蟹蟹”收看！

第 13 回 戏瘾大发的老演员——环颈鸻

就这样过了好几个小时

补充点能量
再来孵小宝宝吧。

小宝宝，
爸爸去找点吃的，
很快就回来，
你们要乖哦。

现在刚好退潮，
滩涂上的食物
还是很多的。
加速
嗒嗒嗒！

看我的旋风腿！
飞奔

有发现！
瞬间停住

看我的
抖腿大法。
抖啊抖
抖啊抖

环颈鸻爸爸吃得正欢，从远处跑来了一只小黄狗……

哎哟，哎哟！
我受伤了！

咦？那边有
只受伤的小鸟，
可以抓来当
点心吃，哈哈！

汪汪汪！
狗狗的注意力完全被假装受伤的环颈
鸻爸爸所吸引，小宝宝安全了。

汪汪汪！
哎哟，哎哟！

嘿嘿嘿，
趁现在！
汪汪汪！
起飞

来抓我呀！
真倒霉，
就差一点！

刚才真是太
危险了，还好
把狗狗引开了。

我真是个
优秀的演员！
哈哈哈，
继续孵蛋。

环颈鸻是小型涉禽，体长约 18 厘米，因后颈有一条白色领圈，像围着围脖一样而得名。

环颈鸻是迁徙性鸟类，具有较强的飞行能力，栖息环境多与湿地有关，如海岸潮间带、湖泊、沼泽、草地等。

环颈鸻的雌雄区别还是很直观的：雄性环颈鸻前额有黑色的斑纹，领环为黑色；雌性环颈鸻头顶没有黑色的斑纹，领环为灰褐色。

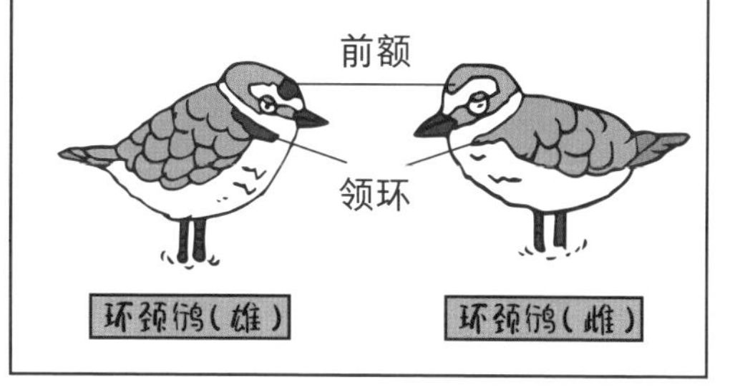

虽然环颈鸻体形娇小，看起来一副弱不禁风的样子，其实它掌握了一些十分实用的生存技能。

技能一：闪电旋风腿

环颈鸻体态轻盈，双脚细小，奔跑起来快如闪电，一不留神就跑出了你的视线之外。

技能二：急刹车

按理说速度越快，越难刹车停住。然而环颈鸻不但跑得快，停得也飞快。常常可以看到它们在滩涂上一阵飞奔之后，又瞬间停住的英姿。

技能三：抖腿大法

环颈鸻喙短，它在滩涂上有着独特的捕食方法——抖腿。腿快速抖动几下，歇一会儿再继续抖动，就像跳舞一样。通过抖腿大法，环颈鸻可以发现藏身于泥沙中的沙蚕、软体动物、小螃蟹等猎物，然后饱餐一顿。

技能四：父母轮流孵蛋

环颈鸻一窝约产 3 个蛋，鸟蛋具黑色斑点。孵蛋的任务由双亲轮流完成。孵蛋时，环颈鸻会把腹部的羽毛变得蓬松，从而保证蛋的温度。

技能五：拟伤

环颈鸻的鸟窝并不算隐蔽，经常建在干燥的沙地上，只是一个浅浅的坑，因此比较容易被天敌发现。田鼠、黄鼬、狗等动物会偷食鸟蛋和雏鸟。

当有天敌靠近鸟窝时，环颈鸻双亲会离开巢穴，并假装受伤，同时发出响亮的叫声，吸引天敌去搜寻自己。它们把天敌引到远离巢穴的地方，再寻找机会振翅逃离。这种以自己为饵，保护幼崽的行为被称作拟伤行为。

本回就说到这儿，“蟹蟹”收看！

第 14 回 捕鱼高手——绿鹭

我发现你
对着水里发呆
很久了。

嘘！我在
钓鱼呢。
水里有什么呀？
看这么久。

钓鱼？少骗我。
连鱼竿都没有，
你以为我没钓
过鱼啊？

你太烦了，
一直说话，
把鱼都吓跑了。
那我告诉你了，
你可要保持安静。
好！

想看绿鹭钓鱼的石小黄
在一边安静地等啊等……

就这样，石小黄继续在一边安静地等啊等……

哇！
就是现在！
嗖！
哎呀！

好大
一条鱼！
哎呀！

你真是
太棒了！
小鱼和大鱼，
谁都逃不了。
捕鱼大师
说的就是我！

绿鹭是鹭科绿鹭属的鸟类，体形娇小，常栖息于灌木草丛、滩涂及红树林中。

绿鹭的配色非常素雅。它头顶是黑绿色，有一小撮细长的冠羽，双脚为黄绿色，身体呈青灰色。两翼蓝灰色，有网格状纹，就像披着遮风避雨的蓑衣一样，所以也被称为“绿蓑鹭”。

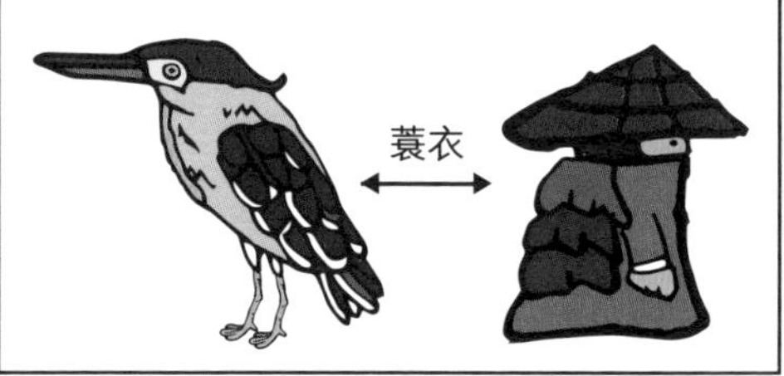

绿鹭性格孤僻，是个“独行侠”。常常单独在红树植物的支柱根上停留，在浅水区放低身子，独自寻找食物。

对于捕鱼，不同的鸟类有不同的绝招。看过之前漫画的小伙伴应该还记得苍鹭捕鱼靠的是“守株待兔”的耐心，翠鸟和斑鱼狗靠的是电光石火般的速度，黑脸琵鹭和勺嘴鹬则依赖它们特别的喙。

比起上面的那些鸟类，绿鹭的捕鱼之道非常特别，确切地说它们是在“钓鱼”。聪明的绿鹭会用木屑、小虫等作为诱饵放在水里，吸引鱼类的注意。自己则躲在一边，静静观察。一旦有鱼上钩，再迅速出击，鲜有失手。

有时上钩的鱼太小，绿鹭还会将小鱼弄伤，丢入水中，让它们只能挣扎却没办法游走，然后用同样的办法，钓到更大的鱼。绿鹭这种高超的钓鱼技巧，也为它们赢得了“打鱼郎”的美称。

罗理想 供图

正在“钓鱼”的绿鹭

除了擅长“钓鱼”，有时绿鹭也会跑到退潮后的滩涂捕捉弹涂鱼等食物，大快朵颐。

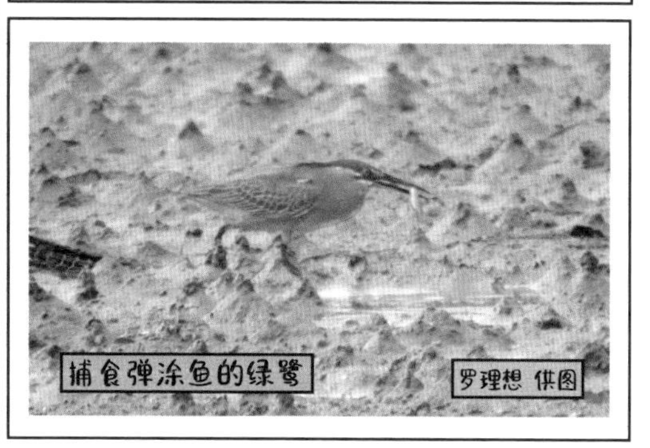
捕食弹涂鱼的绿鹭

罗理想 供图

本回就说到这儿，
“蟹蟹”收看！

第 15 回 技巧高超的飞行员——栗喉蜂虎

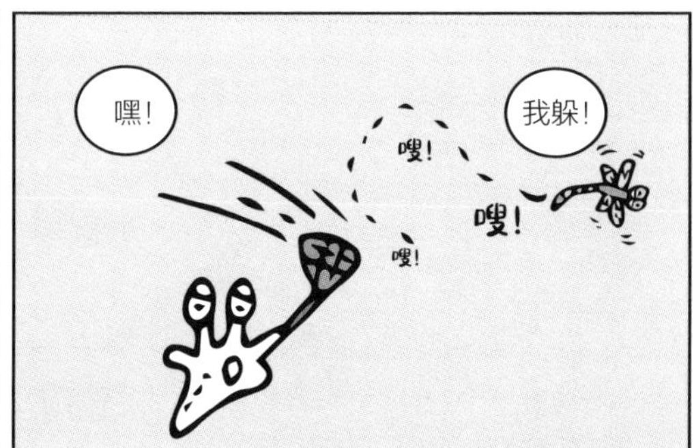

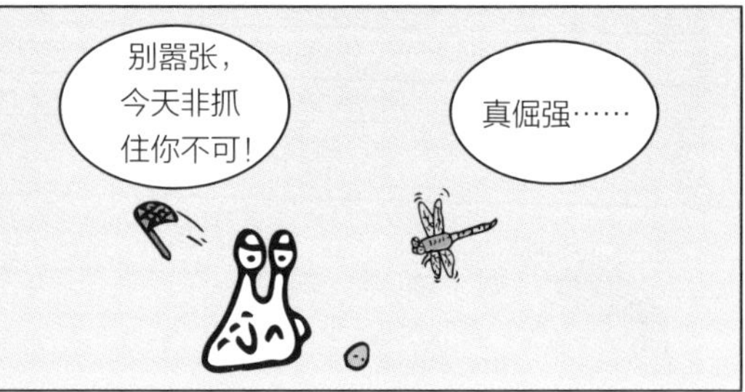

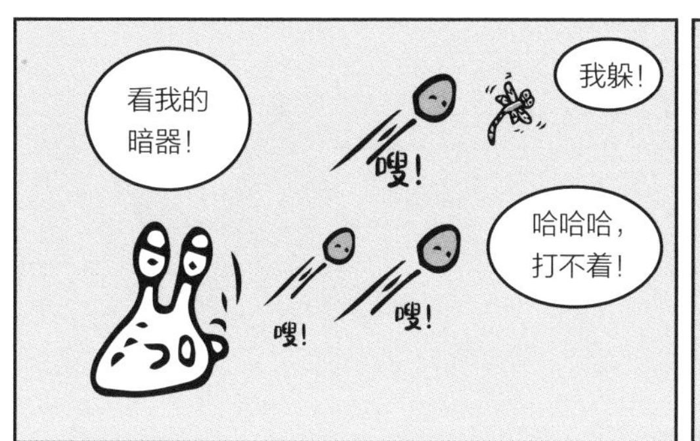

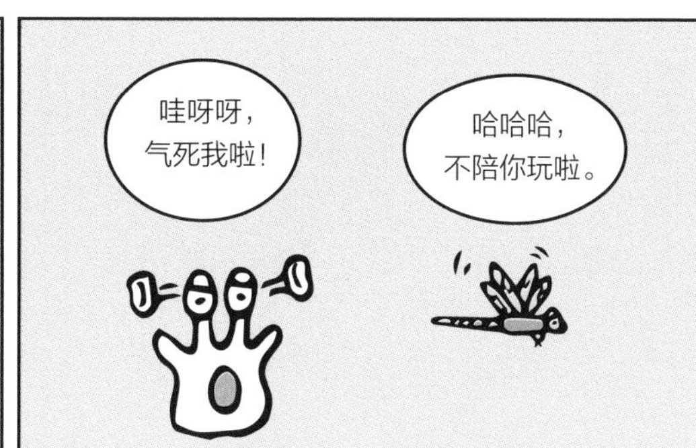

 就在石小黄抓狂的时候，飞来了一只小鸟……

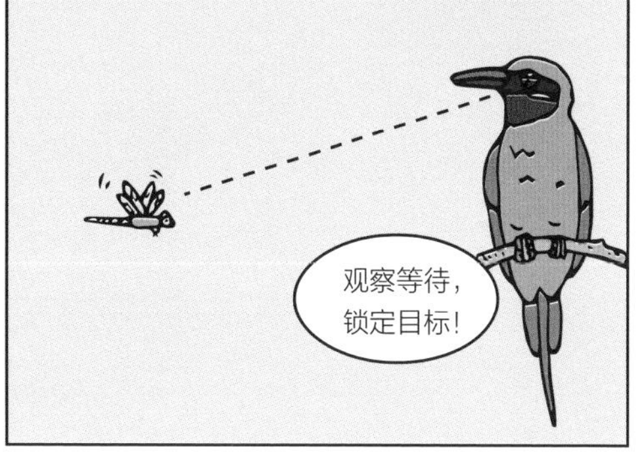

啦啦啦……
起飞

哎呀！
冲刺

你跑不了的。
我躲。
急停转弯

哈哈，得手了！
完蛋了。

那是，全靠我高超的飞行技巧。
哇！真的抓到啦！

毕竟我可是栗喉蜂虎，我还擅长捕捉蜜蜂、苍蝇等各种飞虫呢。
你太厉害了！

那可不行，
这是我的战利品。
可以把蜻蜓
送给我吗？
不过可以把蜻蜓
翅膀送给你。
……
因为翅膀
不好消化，哈哈！
我要翅膀
干什么呀！
留个纪念嘛，
我要继续捕食了，
再见！
再见！
我还是
靠自己吧。

栗喉蜂虎是蜂虎科蜂虎属的鸟类，主要生活在东南亚一带，在中国主要分布于四川、海南、云南、广东、福建等省。在海南新盈，栗喉蜂虎属夏候鸟，在红树林区能看到它们的身影。

中国最美的鸟之一

栗喉蜂虎因喉部呈栗红色而得名。全身主要配色为绿色和蓝色，飞行时翅膀露出橙黄色的羽毛。栗喉蜂虎凭借着鲜艳靓丽的体色，被称为中国最美的鸟之一。

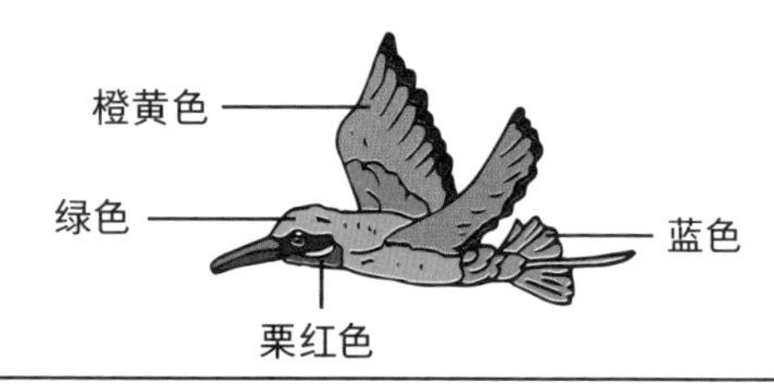

体形娇小，身轻如燕

栗喉蜂虎体长约 30 厘米，全靠尾部延长的尾羽增加了身长。其实栗喉蜂虎体形娇小，成鸟体重只有 40 克左右，比鸡蛋还轻点（普通鸡蛋重约 50 克）。

为什么叫“蜂虎”

通常来说，动物名称里含有“虎”是因其擅长捕食某种生物。比如擅长吃虾的就叫“虾虎”，擅长吃苍蝇的跳蛛就叫“蝇虎”。栗喉蜂虎是因擅长捕食蜜蜂而得名。

飞行昆虫的克星

其实栗喉蜂虎以各种飞行昆虫为主食，如蜜蜂、蜻蜓、苍蝇、白蚁等。其中蜜蜂和蜻蜓约占其食谱总量的 84%。

抓到猎物的栗喉蜂虎

罗理想 供图

为何偏爱蜻蜓和蜜蜂

栗喉蜂虎的繁殖期为 4—6 月。在繁殖期间，它们每天要吃掉和自身体重相当的食物（约 40 克）。换算下来，要吃 2000 只白蚁，或是 400—600 只蜜蜂，抑或 26 只蜻蜓。这可能也是它们偏爱捕食蜜蜂和蜻蜓的原因，毕竟捕食效率高很多。

吐吐更健康

栗喉蜂虎进食前，通常要把昆虫的翅膀处理掉，因为翅膀不易消化。但多数时候没有时间处理，因为要节约时间捕捉足够的食物。因此栗喉蜂虎就要抽空把那些不易消化的部位呕吐干净。

高超的飞行技术

徒手抓过蜻蜓或苍蝇的朋友可能深有体会，这些昆虫感知非常灵敏，抓起来绝非易事。但栗喉蜂虎的飞行技巧更胜一筹，它们可以在空中做出急速飞行、滑翔、悬停、急速回转等高难度动作。所以对栗喉蜂虎来说，捕食这些飞行昆虫就不是什么难事了。

悬崖峭壁是我家

栗喉蜂虎是少数在崖壁上筑巢的鸟类。在繁殖期，成群的栗喉蜂虎在土质的崖壁上开挖洞穴，等它们筑巢完毕，崖壁也变成了“马蜂窝”。

栗喉蜂虎会用锋利的喙和爪子挖掘巢穴。巢穴由长长的“走廊”和尽头的“卧室”组成。

本回就说到这儿，
“蟹蟹”收看！

第 16 回

攀树专家——黑口拟滨螺

于是石小黄踏上了寻找“陀螺”的旅途……

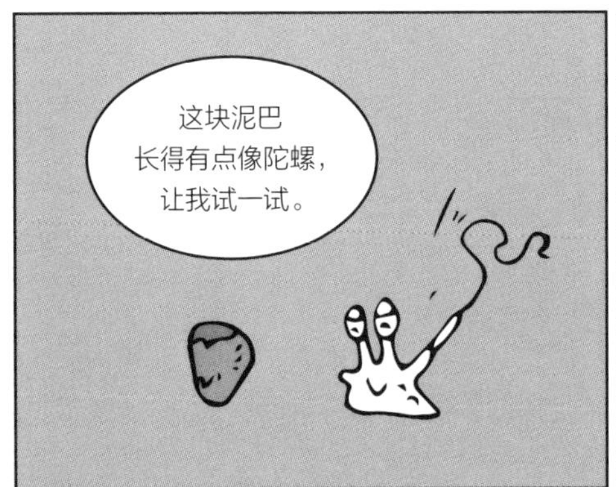

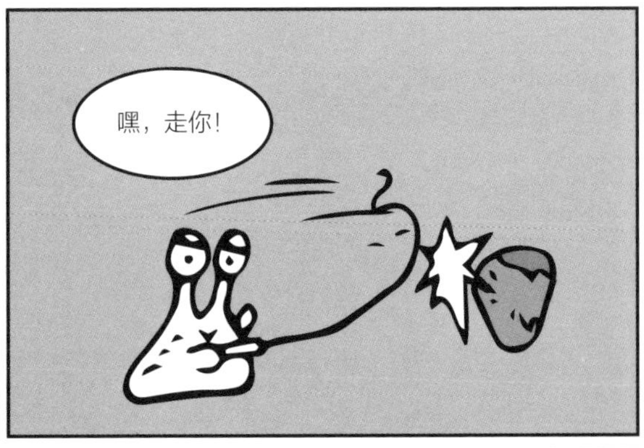

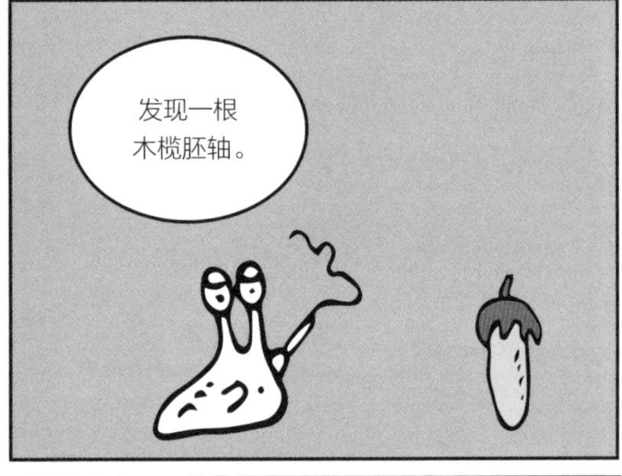

抽飞了！
光想着要结实了，
外形像陀螺也
很重要。

失败

就在石小黄束手无策的时候……

就在石小黄玩得正开心的时候……

我吃饭、排泄只能通过螺口，其实用的是不同的地方。
原来是这样，哈哈哈！
最后一个问题，你在树上干什么呀？
我在攀树呢！爬树就是我的日常。你的问题可真多。
哇，这么厉害！那你听说中国发现第一高树的新闻了吗？
听说了，怎么啦？
不如我们去寻找中国红树林里的第一高树吧？
好主意呀！找到了就可以爬上去玩啦。
等等我！
出发！

黑口拟滨螺生活在潮间带高潮线附近，喜欢攀附于红树植物植株上，是红树林区最常见的软体动物之一。

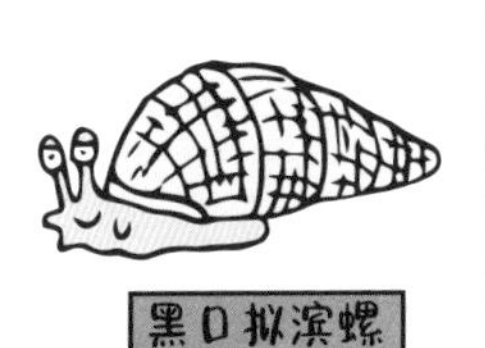

黑口拟滨螺

黑口拟滨螺外壳为黄色圆锥体，表面有格子状螺纹，内唇呈黑色，用角质的厣遮盖螺口。

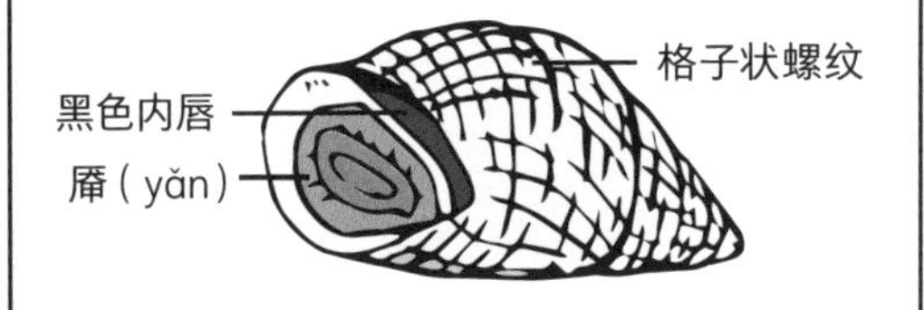

黑口拟滨螺擅长爬树，就像职业攀树师一样。刘博士猜测它们爬树是因为树上有它的食物，但也可能是为了躲避水里的天敌。

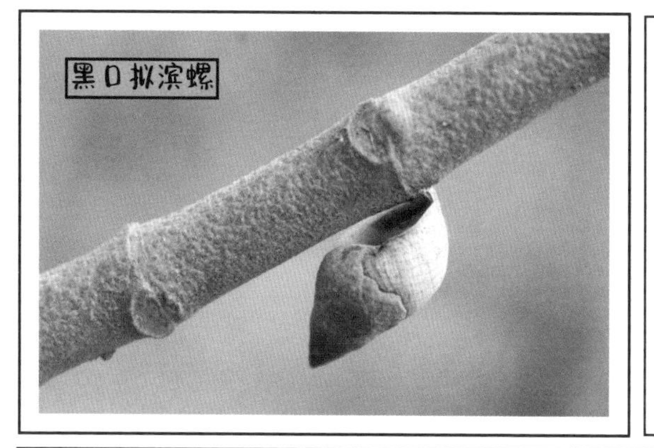

黑口拟滨螺喜欢待在阴凉的地方，所以常常可以看到它躲在树叶的背面乘凉。但是它的移动速度比较慢，要是来不及下树补充水分，岂不是要脱水吗？

好在黑口拟滨螺有一个绝招：如果天气闷热或较长时间不移动，它就会分泌黏液，把厣和壳口边缘的缝隙封起来，并用残余的黏液粘住附着物，从而起到固定作用。壳口封起来以后，还可以减少水分散失。

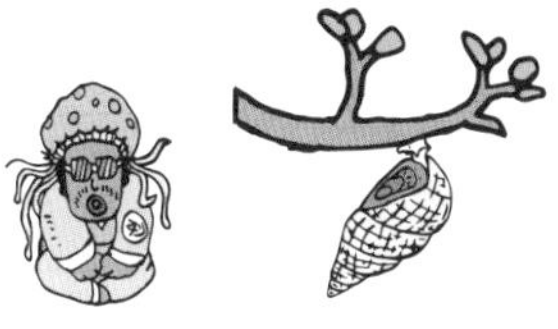

和大多数腹足纲软体动物一样，黑口拟滨螺的螺壳只有一个出口，吃饭、爬行、拉屉屉都要通过螺口来实现。这就造成了它用同一个部位进食和排遗的错觉。大家还记得掘足纲的象牙贝是从什么地方拉屉屉的吗？（刘博士温馨提示：可以参见《我们赶海去 2》第 14 回哦。）

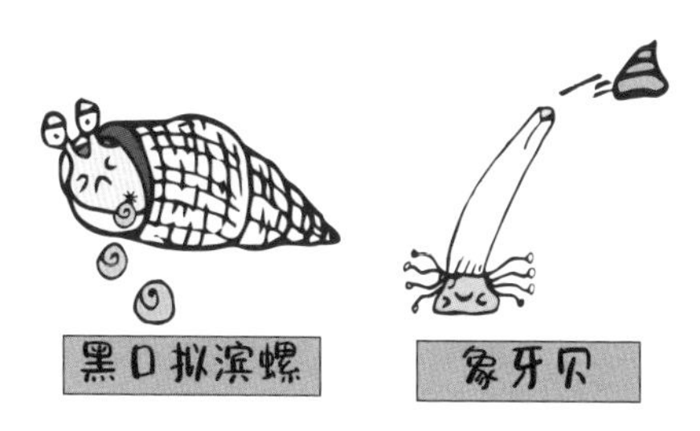

本回就说到这儿，
“蟹蟹”收看！

在自然界中，螃蟹、肉食性鱼类是它们的天敌。近年来，刘博士发现海南新盈当地的村民开始捡黑口拟滨螺吃。大量的捕食势必会造成当地生态系统的失衡，刘博士觉得这是不可取的，希望能引起大家的重视，树立环保意识，不要随意捕食海洋生物，避免破坏生态系统。

第 17 回 滑翔伞运动员——飞鱼

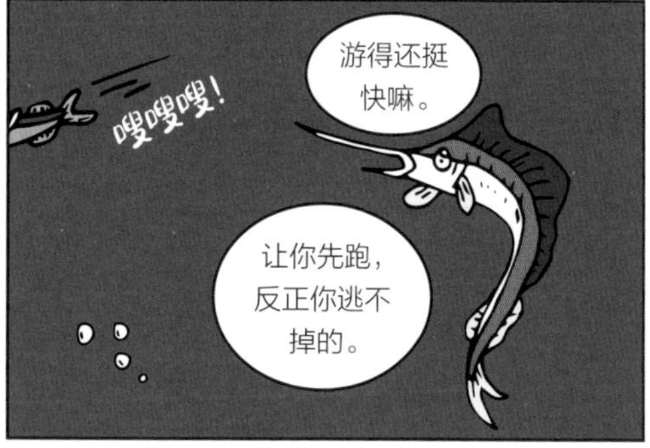

过了一会儿……

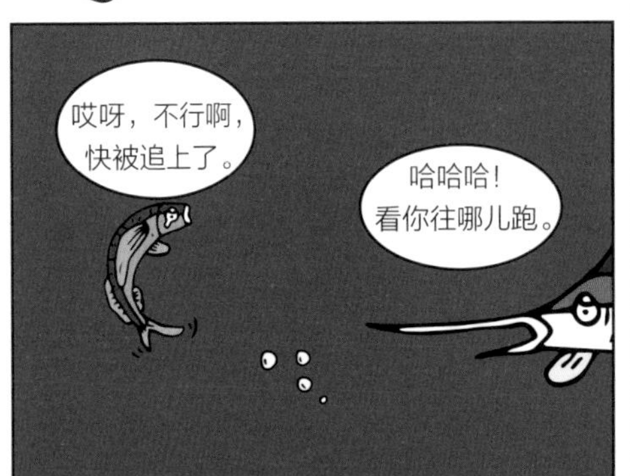
哎呀，不行啊，
快被追上了。
哈哈哈！
看你往哪儿跑。

这样下去
可不行呀。
马上要
抓到你了！

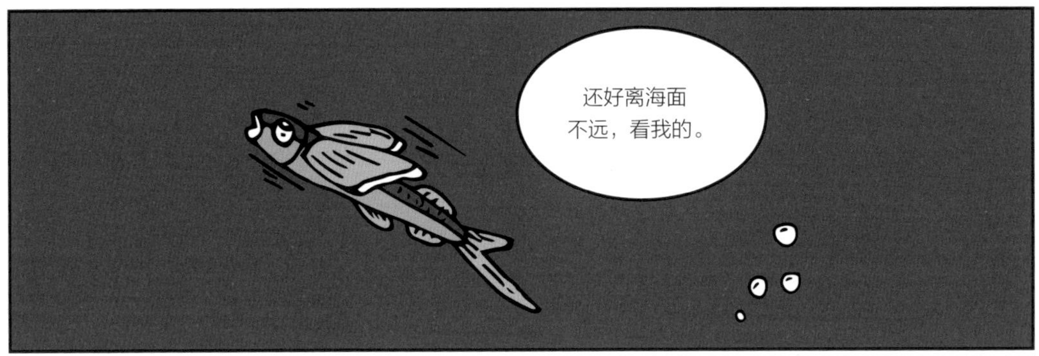
还好离海面
不远，看我的。

呀呀呀！

嘻嘻，成功！
飞起来啦！

啦啦啦。
我没看错吧？那家伙居然飞出海面了？

来抓我呀
太嚣张了，我一定要抓到你！
你总不可能一直在天上飞吧。

终于摆脱旗鱼的追杀了。
多亏我是训练有素的滑翔伞运动员，准备降落！

咦？
快速下降中
咦？

不好，要撞上了！
哎呀，那是什么？

嘭！

哎呀！
真倒霉！

你谁呀？差点把我的船撞翻了。
我不是故意的。

真厉害啊，你居然会飞。
我是飞鱼，我在躲避天敌。

不好，旗鱼要追上来了。
旗鱼？

别怕，我来帮你。
怎么办呀？

拿布盖起来，先躲躲。
试试看吧。

喂！你有没有看到一条会飞的鱼？
好像往那边去了。

谢啦！
嘻嘻嘻，成功啦！

你不是会飞吗？刚才怎么不直接飞走呀？
我也不是想飞就能马上飞起来的。

那你到底是怎么飞起来的呀？
这个说来话长，我得先回海里了。

你要是感兴趣，可以问问刘博士。感谢你救了我，再见啦！
好吧，再见！

飞鱼是颌针鱼目飞鱼科鱼类的统称。飞鱼家族成员超过 50 种，主要分布在热带及暖温带海域上层。

飞鱼长相奇特，胸鳍发达，伸展开来就像翅膀一样。不同的飞鱼胸鳍颜色各异，有些具黄色条纹，非常好看。

张继灵 供图

游泳小王子

飞鱼体形修长，像织布用的梭子，凭借自身优美的体形，飞鱼可以在海中以每秒 10 米的速度高速运动。

“飞”离海面，逃出生天

虽然飞鱼游得很快，但是山外有山，鱼外有鱼。海里还有游得更快的捕食者，如旗鱼、金枪鱼、海豚。为了躲避它们的追捕，飞鱼掌握了一项独一无二的本领——“飞”出海面。飞鱼也因此得名。

速度可快可慢

飞鱼在海面滑翔的速度约为每秒 1 米，看起来好像很慢，和普通人走路的速度差不多，但飞鱼每秒移动的距离大概是体长的 20—30 倍。飞鱼最高的滑翔速度可达约每秒 8 米。那么飞鱼到底是如何“飞行”的呢？

其实是在滑翔

其实，飞鱼并不是真的在“飞”，而是在滑翔。按照滑翔时展开“翅膀”的数量，飞鱼可分为四翼飞鱼和双翼飞鱼。相比双翼飞鱼，四翼飞鱼除了两个胸鳍之外，还会展开两个大大的腹鳍辅助滑翔。

加速蓄力，破水而出

首先，飞鱼在海水中快速游动蓄力，在接近海面时将胸鳍和腹鳍紧贴于身体两侧，跃出海面。然后，它左右急速摆动尾鳍，以约每秒 50 次的频率拍打海面，在海面划出“之”字形的“助跑”路线，就像飞机起飞前需要在跑道上助跑一段距离。最后，飞鱼破水而出，“飞”了起来。

张开"翅膀"，自由翱翔

离开海面后，飞鱼迅速张开宽大的胸鳍、腹鳍，借助海风自由滑翔。据观察发现，飞鱼最远可滑翔四百多米。

飞鱼能够在空中翱翔得益于它特殊的身体结构。飞鱼的胸鳍阔大，有些种类的飞鱼腹鳍也阔大，如同飞机的机翼。另一个很重要的部位就是飞鱼的尾鳍，尤其是发达的尾鳍下叶（长度约为尾鳍上叶的 2 倍），是飞鱼跃离海面后最重要的加速器。

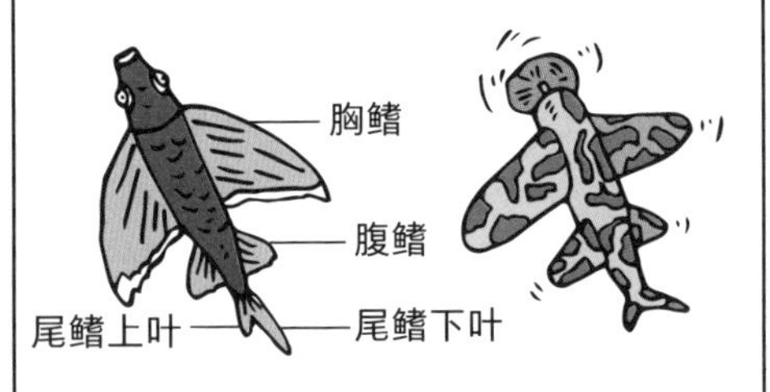

重新"上天"

初次滑翔结束后，飞鱼落回海面，在身体并未完全进入海中时用尾部拍打海浪蓄力，从而重新跃出海面，继续翱翔。观察发现，飞鱼可以实现惊人的 12 次连续滑翔，类似在水面打水漂。

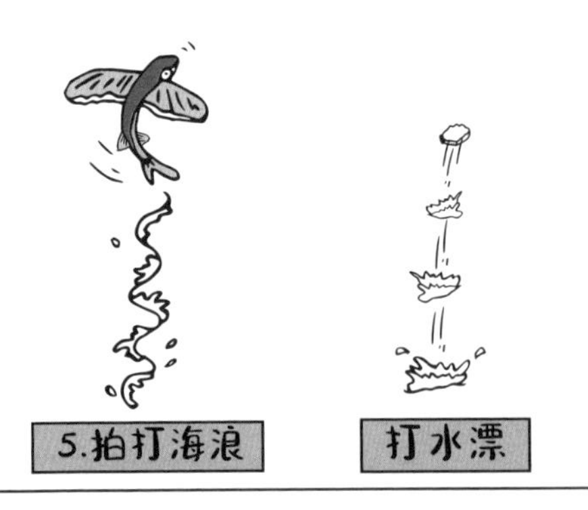

高枕无忧?

拥有其他鱼类都不具备的"搏击长空"的特技，飞鱼是否就高枕无忧了呢？其实不是，因为滑翔的过程还是存在风险及各种意外。

守株待兔的海鸟

一些身姿灵巧的海鸟比如军舰鸟，会利用飞鱼的特技，在海面上守株待兔，在飞鱼翱翔的过程中，半路截杀。

“送货上门”

此外，飞鱼如果意外撞上海面行驶的船，就难逃一劫了，更别说遇上专门捕捉飞鱼的渔船。捕捉飞鱼的方法很多，其中一种便是利用飞鱼夜晚趋光的特性，把船体漆成白色，反射月光。然后渔民敲打船板，受惊的飞鱼就会纷纷冲出海面，飞向渔船，自动“送货上门”。

本回就说到这儿，
“蟹蟹”收看！

第 18 回 游泳健将——旗鱼

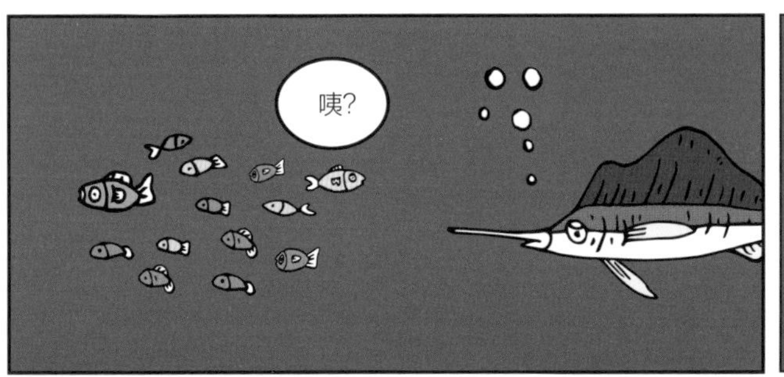
咦?

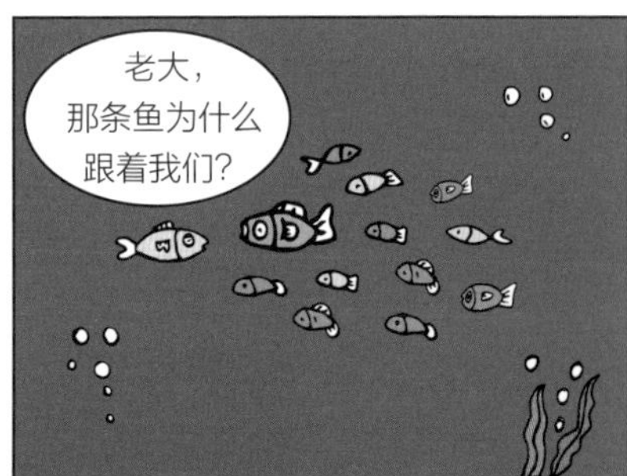
老大，
那条鱼为什么
跟着我们?

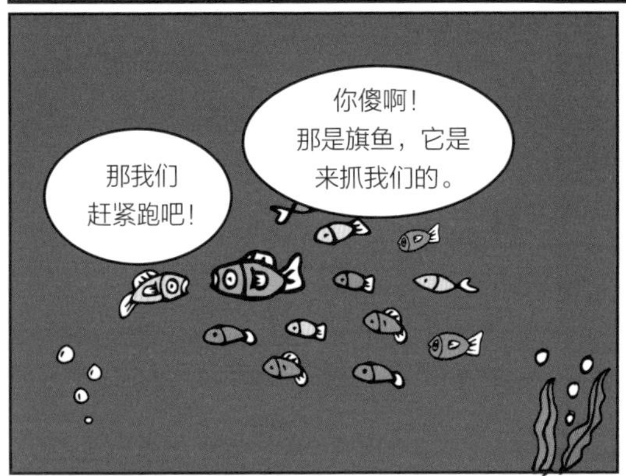
你傻啊！
那是旗鱼，它是
来抓我们的。
那我们
赶紧跑吧！

那可
咋办呀?
它速度超快的，
我们游不过它。

别慌，我们鱼多，
团结起来，总有
机会逃跑的。
大家都跟紧了，
别走散了。

就在旗鱼疯狂攻击鱼群的时候，
石小黄出现了……

原来在捕食呀，
不好意思。
你把我的
鱼群都放跑了。

对啊，我们
之前见过面的。
原来是石小黄？
看到你就来气。

哎呀，
你想干吗？
看招！

变！
冲啊！

天啊，幸亏
我有“海洋一号”，
你这是嘴还是
锥子？
哼！少废话。

你怎么
那么大火气？
谁让你上次
把飞鱼放走了。

比赛怎么能少得了裁判！石小黄请来了它的好朋友章鱼小丸子……

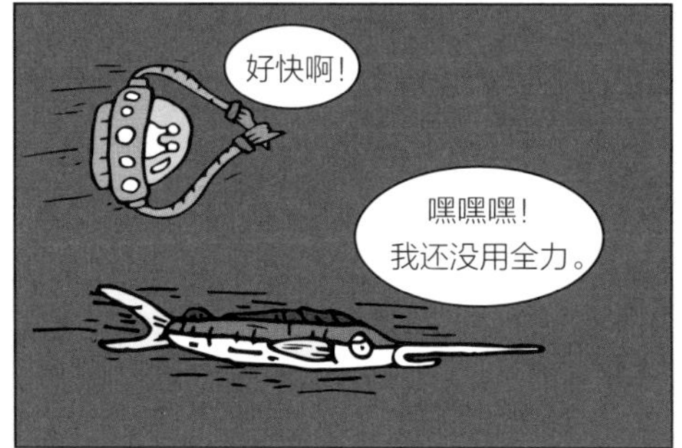

哈哈哈，
这是“海洋一号”
的高速状态！
居然还会
变身？

看来要拿出
全部实力了。
马力全开！

哈哈哈，
就要到终点了，
赢定了。
嗖！一道黑影闪过

小丸子，
我是不是赢了？
你才
到啊。

都等半天了。
人家旗鱼
早就到了。

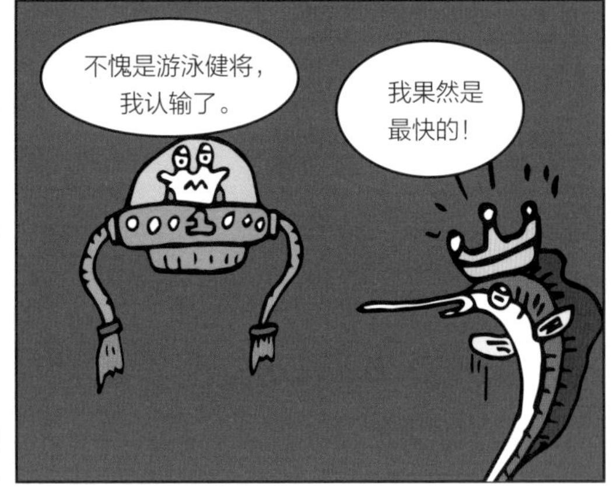
不愧是游泳健将，
我认输了。
我果然是
最快的！

旗鱼是鲈形目旗鱼科旗鱼属鱼类的统称，主要分布于热带、亚热带的上层海域，在我国东海南部和南海等水域可以发现它们的踪迹。

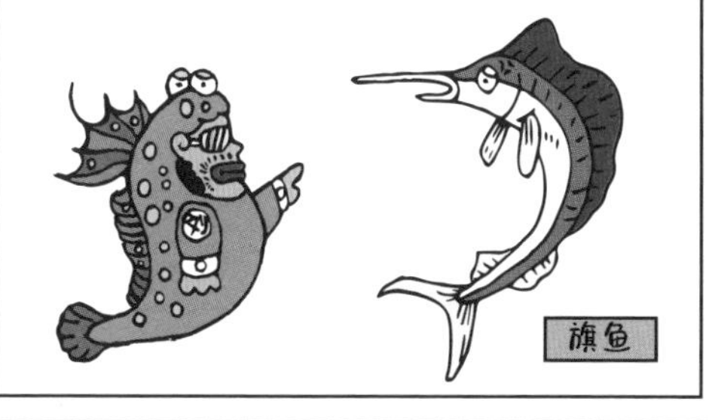

旗鱼体形较大，体长可达 2—5 米，身体修长侧扁，呈流线型。背鳍又高又长，前端上缘凹陷，竖起来的时候像一面飘扬的旗帜，因此得名。

旗鱼（亚成体）
张帆 供图

游泳冠军

在海洋鱼类游泳界，旗鱼、箭鱼、枪鱼是公认的短距离游泳高手，而旗鱼在所有测试鱼类中是当之无愧的第一名。

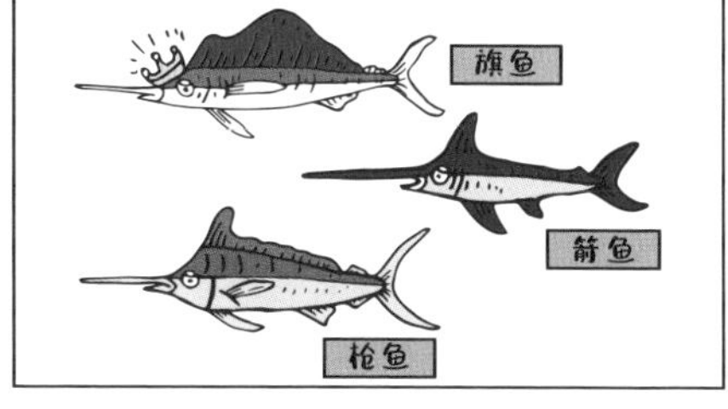

游得快的秘密

旗鱼的身体构造非常适合游泳。它细长的上颌能很快将水分开，流线型的身体能大大减少水的阻力。旗鱼体重较重，肌肉十分发达，因此拥有充沛的体力和强大的爆发力，就像安了强力马达一样。此外，旗鱼用不断摆动尾柄和尾鳍的办法产生前进的推力，就像航船的推进器，使它可以很快地加速。

游得快，长得也快

旗鱼刚出生的时候只有几毫米长。但是它生长极为迅速，仅需一年的时间，就可以飙升到一米多长。这主要是因为它食谱广泛，不挑食。海洋中绝大多数的生物都可以成为它的盘中餐，包括它的同类。

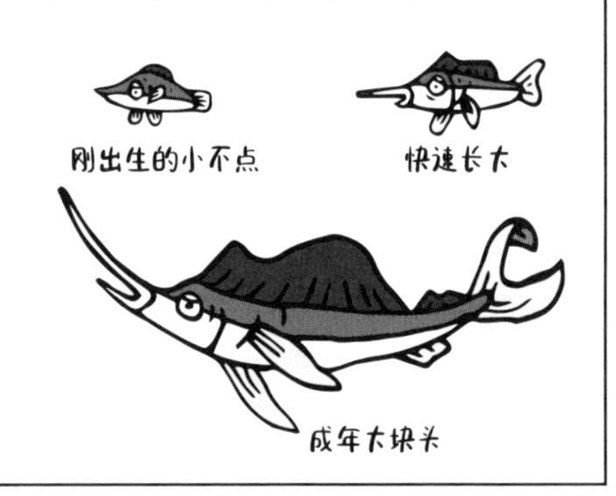

凶狠的海底剑客

旗鱼生性凶猛，捕食全靠它那利剑一般的吻部——剑颌。旗鱼的剑颌又长又尖又硬，穿透力极强，甚至可以刺穿过往的船只。

捕食策略

不过旗鱼捕食不是用剑颌直接戳。旗鱼发现猎物的时候，会先围着它们快速地游动，慢慢地把猎物驱赶聚集在一起，然后快速甩动头部，用剑颌把猎物撞晕甚至撕碎，再饱餐一顿。

本回就说到这儿，“蟹蟹”收看！

第 19 回 天生的冲浪高手——织纹螺

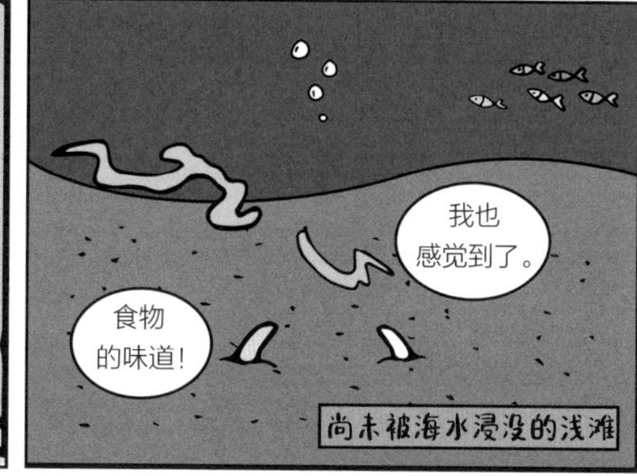

兄弟俩用尽全力往岸边赶去，无奈螺壳太重，移动得实在太慢了……

我们太慢了，
弟弟。
累死了。

让我想想
办法。
你想吧，
我歇会儿。

有办法了，
我们可是天生的
冲浪运动员。
冲浪？

今天哥哥
就来教你怎么
冲浪。
要怎么冲浪呀？
我还不会呢。

首先把我们
的腹足最大限度
伸展开。
哇！就像
船帆一样。

一阵海浪打向岸边。
哗啦！

借助海浪的
动力，冲浪咯！
哇！太好玩了！

就这样，哥俩利用海浪的力量，
顺利来到了沙滩上。

我怎么感觉
不到食物的
气味了？
你傻呀，
我们是通过
水感觉气味的。

这里还有
残留的水洼，
这样就能重新
找到气味。
不愧是
哥哥。

找到了！
跟我来。
好的。

哇！好大
一条死鱼。
我们还是
第一批。
快吃吧，
一会儿该有
同类来了。
开吃！

织纹螺是腹足纲织纹螺科软体动物的统称。在中国沿海广泛分布，常栖息于潮间带至潮下带的泥沙中。

织纹螺的螺壳细长，就像一个小宝塔，体形小巧，通常只有指甲盖大小。

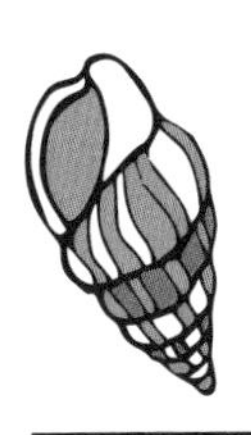

织纹螺以各种藻类为食，同时也是一种食腐动物，死掉的鱼虾是它们的最爱。它们的嗅觉灵敏，可以感知弥漫在水中的腐肉气息，并准确找到死鱼死虾的位置。

别看织纹螺个子小，它们吃腐肉可有一套。首先，织纹螺会挑选死鱼死虾身上脆弱柔软的地方下嘴，如鱼虾身上破损的部位或鱼的泄殖腔孔。

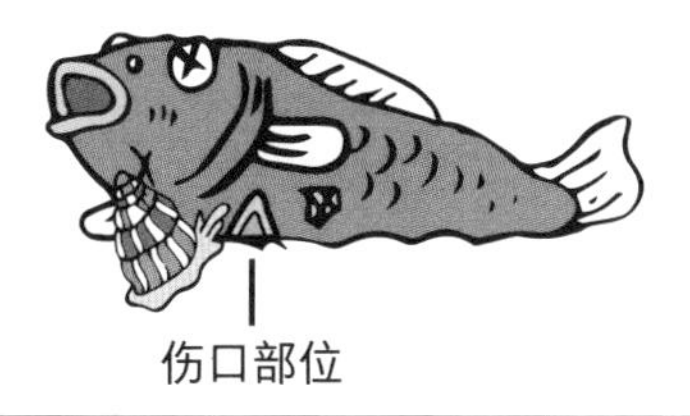

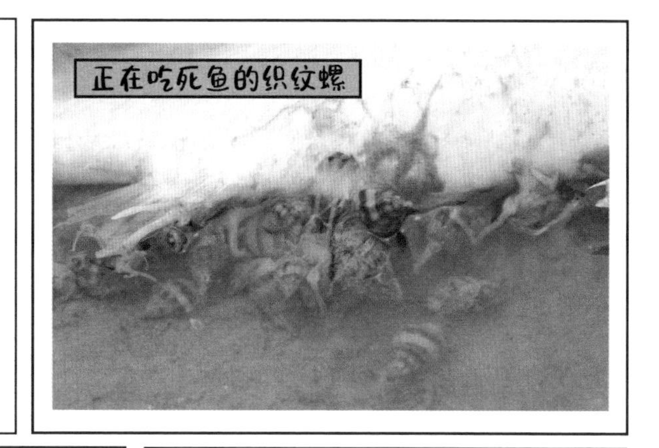

然后，织纹螺伸出长长的吻，用位于吻部末端的齿舌慢慢地刮取腐肉。通常一条死鱼会吸引一大群织纹螺聚集。

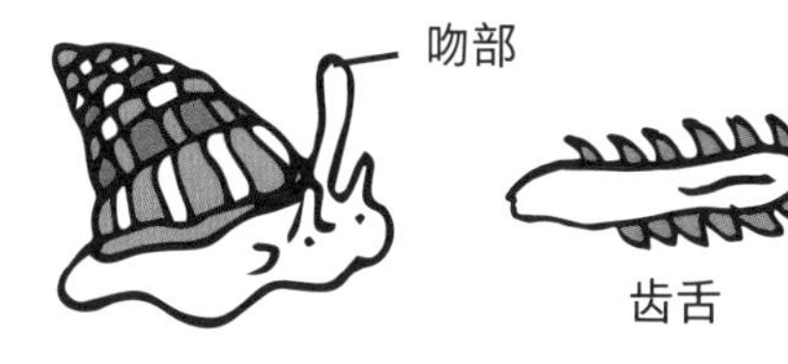

织纹螺原本是一种可以食用的贝类，但近年来发生了多起食用织纹螺中毒甚至死亡的事件。国家卫健委发布通知，要求禁止销售和食用织纹螺。所以织纹螺到底有没有毒呢？

其实织纹螺本身不含毒，它们的毒素是从外部获取的。研究发现，在水域中有毒藻类富集如发生赤潮时，织纹螺体内会大量积聚来自有毒藻类的毒素。

人食用含有毒素的织纹螺后，会产生头晕、呕吐、口唇及手指麻木等中毒症状，目前尚无特效解毒药，误食极有可能造成生命危险。所以为了我们的生命健康着想，不要食用织纹螺。

第 20 回 鸟界大明星——中华凤头燕鸥

哈哈，猜错了，我才是神话之鸟。
哎呀！吓我一跳。
突然降落
也没什么特别的嘛！
仔细打量
我说你别转悠了。
神话之鸟？
……
仔细打量
仔细打量
没有！
你是不是有法力？
……
那凭什么叫神话之鸟？
虽然没有法力，但我可是堪称“鸟界大熊猫”的珍稀鸟种。
哇！
人类一度以为我们灭绝了，没想到时隔多年，我们又奇迹般地出现了。
哦哦。

虽然被人们称为神话之鸟，但其实我的中文正名叫中华凤头燕鸥。
哇！原来你是鸟界大明星。
中华凤头燕鸥

现在没空，我得去找伴侣了。
签个名吧，大明星。

想想还有点紧张。
别怕！带上我吧，说不定我还能帮你。

哇！上天了！
抓紧了！

好的。
哈哈，找到我心仪的对象了，我们降落！

做我的女朋友吧？
……

你也太直接了吧，大明星难道不会才艺表演？
哼！
对啊，我会跳舞，一紧张忘了。

嗒嗒嗒。
……
嗒嗒嗒。
看我销魂的舞步。

可能是你太紧张了。
哼！
没用啊，怎么办？

你可以送它一个小礼物呀！
对啊！我马上就去准备。

这还差不多，算你有诚意。
送你一条小鱼。
成功了。

谢谢你！
恭喜！

中华凤头燕鸥是鸥科鸟类中最稀少的一种，它们是世界上最濒危的鸟种之一，是国家一级保护动物。

中华凤头燕鸥身体线条流畅，配色非常优美。羽毛以白色为主，背部与翅膀上晕染着浅灰色，头顶长有黑色的冠羽，就像戴了一顶黑色的帽子。它的喙呈黄色，末端有一抹黑色。

中华凤头燕鸥数量稀少，堪称“鸟界大熊猫”。1861 年人们首次发现它的踪迹，1937 年中华凤头燕鸥出现在山东青岛的沐官岛，此后便销声匿迹，一度被怀疑已经灭绝了。

2000年，一位摄影师在马祖列岛发现了4对中华凤头燕鸥。消失了63年的中华凤头燕鸥又重新出现了。仙踪难觅，神秘消失又神话般地重现，所以中华凤头燕鸥被称为“神话之鸟”。

中华凤头燕鸥栖息在无人的海岛上，以鱼为主要食物，也吃甲壳类、软体动物。怕人，也害怕鹰、隼、海雕等猛禽。

但是中华凤头燕鸥和大凤头燕鸥是好朋友，常混迹于大凤头燕鸥群中。它们长得很像，最明显的区别在于大凤头燕鸥的喙全部是黄色的。

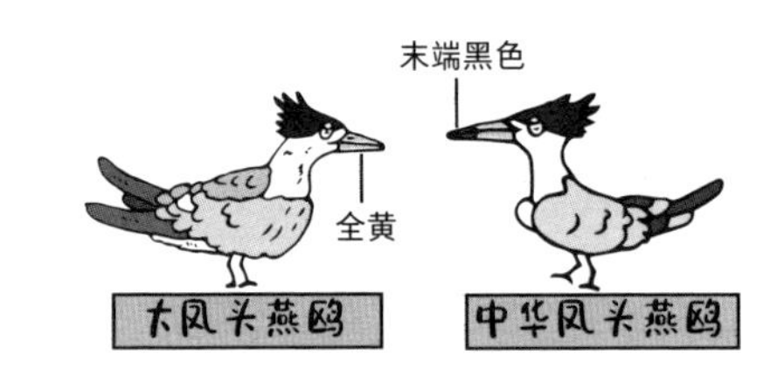

中华凤头燕鸥寻找伴侣时，会跳起轻快的“探戈舞”来吸引异性，有时候甚至会送上刚抓的小鱼讨好对方。

一对中华凤头燕鸥每年只生一个蛋，由爸爸妈妈轮流孵蛋。经过二三十天的孵化，雏鸟破壳而出，毛茸茸的特别可爱。外出觅食回来的鸟爸爸和鸟妈妈会通过雏鸟的声音来分辨自家的宝宝。

目前中华凤头燕鸥全球的种群数量仅150多只。台风、天敌、人类活动等干扰因素，都可能威胁到它们的生存，所以还需要人类更多的保护。近二十年来，福建省观鸟协会等机构开展了一系列中华凤头燕鸥调查、宣教、栖息地保护、繁殖地修复与招引等保育行动。希望这种美丽的“神话之鸟”能够生息不断，别真的成为传说了。

本回就说到这儿，
“蟹蟹”收看！

第 21 回 钓鱼家族——鮟鱇鱼

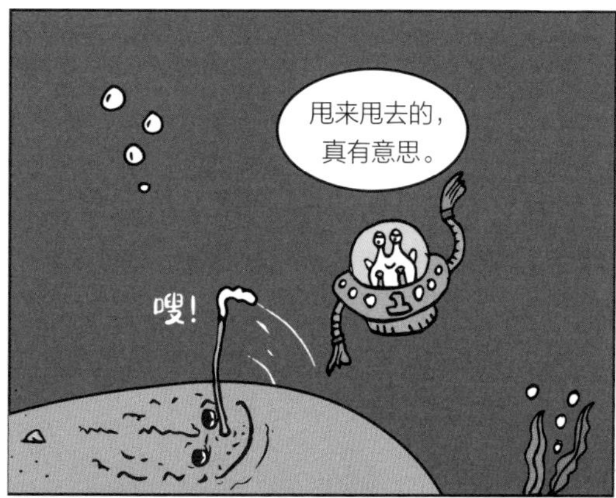

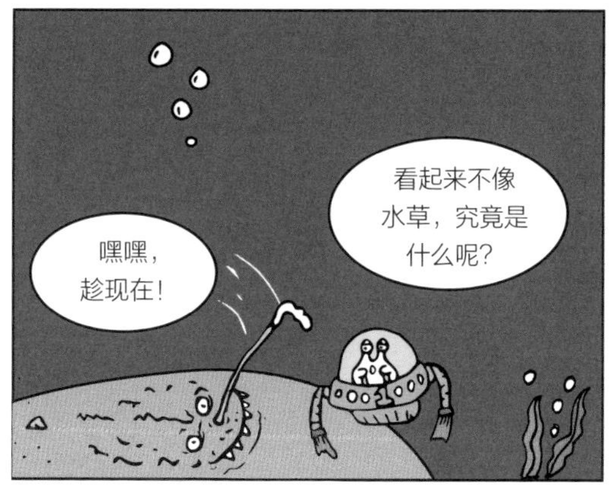

救命啊，被吸进去了。
哈哈哈，得手了。
哎哟，哎哟，什么鱼这么硬啊，肚子好疼。
受不了，呸！呸！
得救了！
你当然啃不动“海洋一号”了，这是潜水机器。
怪不得呢。
还以为是海草，原来是你躲在沙子里。
是啊，我正专心捕鱼，你来捣什么乱。
可是我还有好多问题想问你。
我饿了，没空搭理你，你快走，不然咬你了。

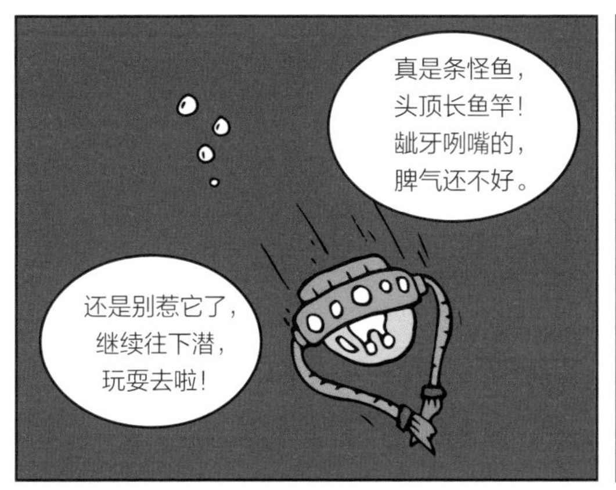

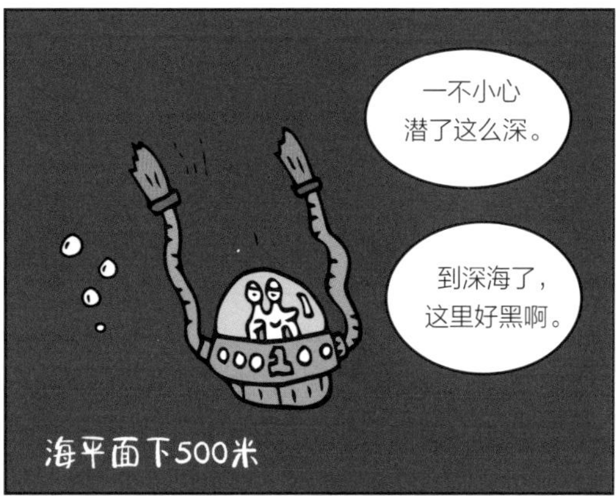

就在石小黄和小鱼玩耍的时候，游来了一条怪鱼……

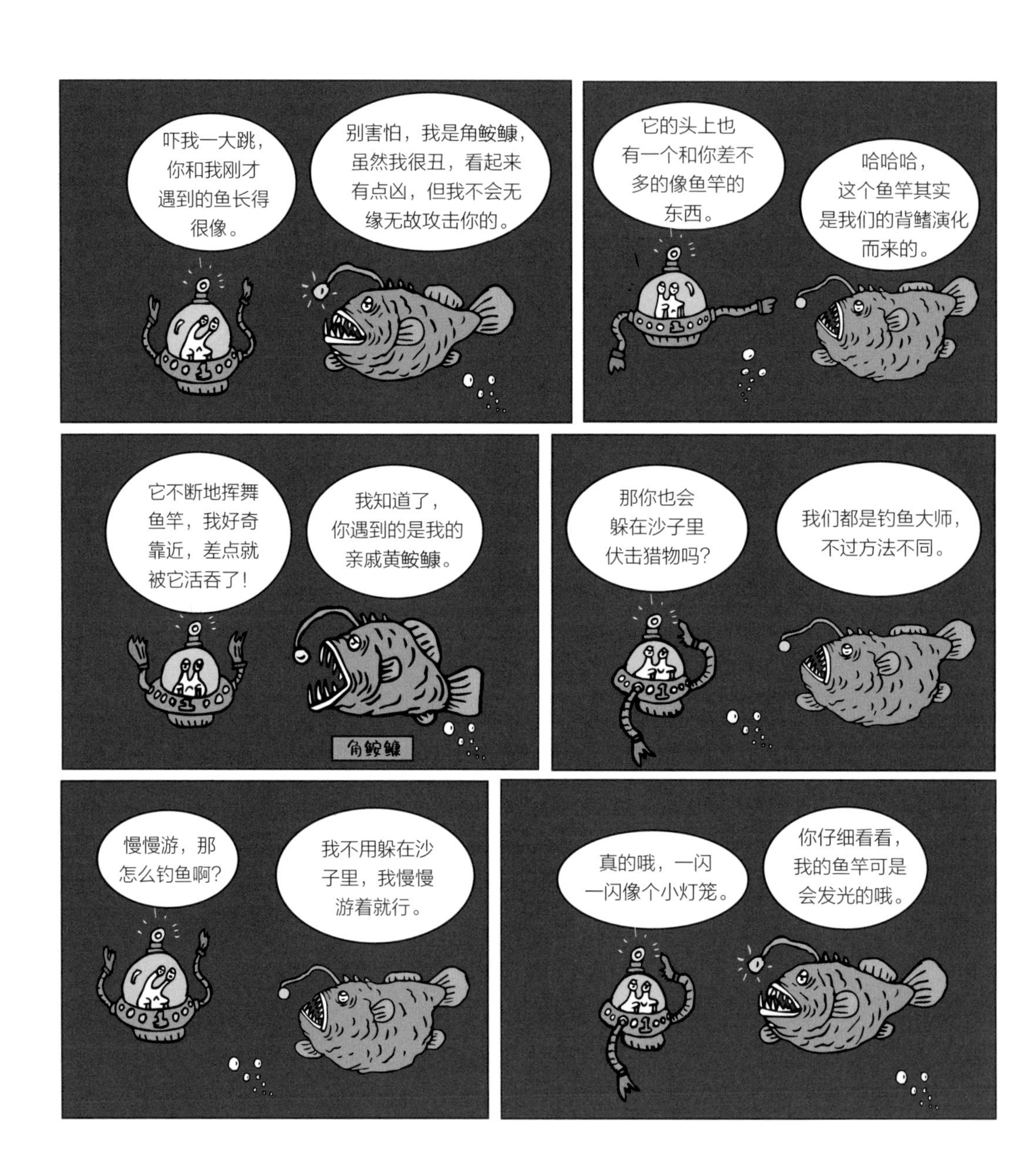
吓我一大跳，你和我刚才遇到的鱼长得很像。
别害怕，我是角鮟鱇，虽然我很丑，看起来有点凶，但我不会无缘无故攻击你的。
它的头上也有一个和你差不多的像鱼竿的东西。
哈哈哈，这个鱼竿其实是我们的背鳍演化而来的。
它不断地挥舞鱼竿，我好奇靠近，差点就被它活吞了！
我知道了，你遇到的是我的亲戚黄鮟鱇。
角鮟鱇
那你也会躲在沙子里伏击猎物吗？
我们都是钓鱼大师，不过方法不同。
慢慢游，那怎么钓鱼啊？
我不用躲在沙子里，我慢慢游着就行。
真的哦，一闪一闪像个小灯笼。
你仔细看看，我的鱼竿可是会发光的哦。

深海里光线不足，黑咕隆咚的。鱼儿对亮光很敏感，会不自觉地追着亮光跑，这叫趋光性。
哇，有亮光！
快上钩。

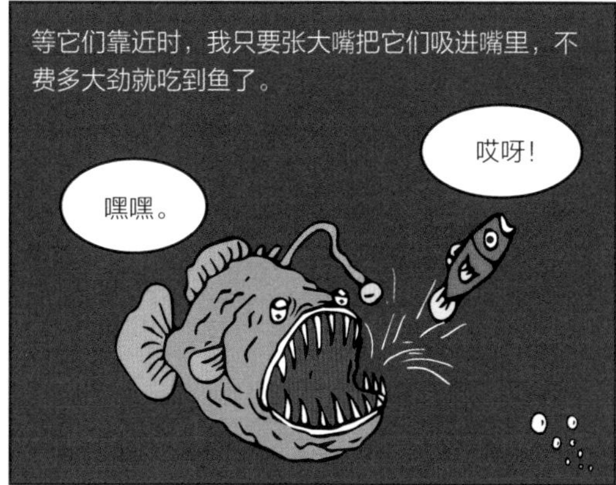
等它们靠近时，我只要张大嘴把它们吸进嘴里，不费多大劲就吃到鱼了。
哎呀！
嘿嘿。

没想到你这么聪明，真是鱼不可貌相。
过奖了。我能拜托你一件事吗？

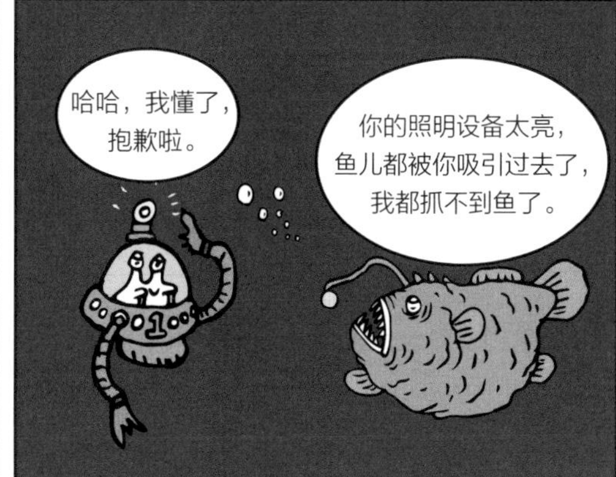
你的照明设备太亮，鱼儿都被你吸引过去了，我都抓不到鱼了。
哈哈，我懂了，抱歉啦。

我也要回去了，你好好抓鱼吧，再见啦！
非常感谢，再见啦！

鮟鱇鱼是硬骨鱼类鮟鱇目许多种鱼类的统称。漫画中出现的分别是黄鮟鱇和角鮟鱇。

外形丑陋

鮟鱇鱼家族大多长相丑陋，比如黄鮟鱇。黄鮟鱇身体柔软，头巨大扁平，一张大嘴又扁又阔，牙齿锋利无比，双眼长在头背上，没有鳞，看起来就像恐怖的海怪。

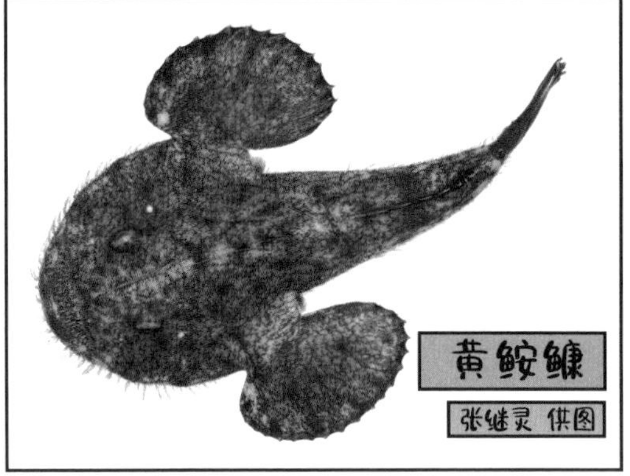

张继灵 供图

时间是把杀猪刀

不过黄鮟鱇小时候可是很萌的。黄鮟鱇幼鱼身体呈半透明，背鳍和胸鳍末梢细长，有黄色和黑色斑块，游动的时候身姿曼妙，像个舞者。再大一些的黄鮟鱇，体色逐渐加深，背部鳍棘突出明显，就像威武的将军。

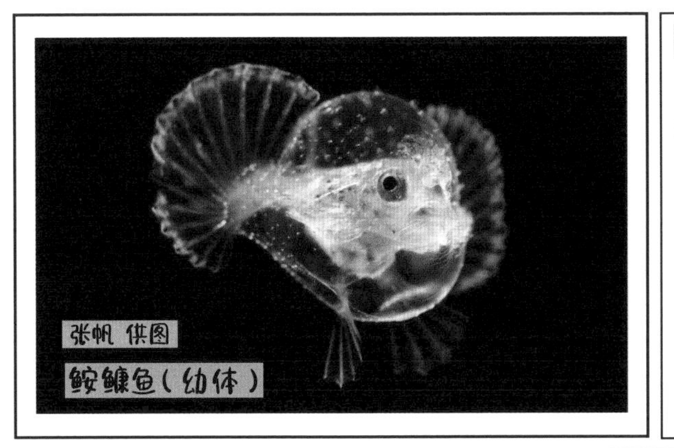

张帆 供图

鮟鱇鱼（幼体）

外号众多

由于丑陋的外表，鮟鱇鱼被称为蛤蟆鱼、丑鱼。又由于它的叫声像老人咳嗽，所以又有“老头鱼”之称。

游泳能力差

鮟鱇鱼不擅长游泳，在深海里总是慢慢地游动，有时候干脆趴着“走路”。比如黄鮟鱇就会利用特化的像脚一样的腹鳍在底层泥沙上“匍匐前进”。

自带鱼竿的钓鱼高手

鮟鱇鱼是深海钓鱼小能手。大部分的鮟鱇鱼头顶都有一根由背鳍延伸演化成的“鱼竿”，末端有膨大的“鱼饵”，生物学上称之为拟饵。它们正是利用这个特殊的身体部位进行捕食。不同鮟鱇鱼的“钓鱼”方式不同，可分为“挥舞派”和“发光派”。

“鱼饵”
“鱼竿”

“挥舞派”

“挥舞派”的代表黄鮟鱇通常栖息于泥质海底。捕食的时候潜伏在泥沙中，露出“鱼竿”，不停地挥舞“鱼饵”，吸引猎物的注意。一旦有猎物靠近，马上张开大嘴将其吸入口中，大快朵颐。

“发光派”

“发光派”的代表角鮟鱇栖息于更深的海域。它的“鱼饵”能一闪一闪地发光，像一个小灯笼。深海光线不足，而许多深海鱼有趋光性。角鮟鱇慢慢地游动，等待“追光”的猎物自动“送货上门”，再一口吞掉。

发光的原因

角鮟鱇的“鱼饵”之所以会发光，主要是因为它的“鱼饵”含有发光细菌。角鮟鱇分泌出一种液体，养活发光细菌，而细菌发光又能使它捕到小鱼，它们是共生关系。

有利必有弊

角鮟鱇发出的亮光，除了吸引猎物，也会引起天敌的注意。这种时候，角鮟鱇会迅速地将“鱼竿”含在嘴里，就像突然关了灯，天敌在黑暗的环境一抓瞎，也就发现不了角鮟鱇的踪迹了。

雌雄差异巨大

那些长得凶神恶煞的角鮟鱇其实都是雌鱼。雄鱼的外观和其他普通的鱼无异，一张大众鱼脸。更夸张的是，雌鱼的体形比雄鱼大几十倍，体重是雄鱼的上千倍。

生死相随

角鮟鱇繁衍后代的方式很特殊。雄鱼在深海中，一旦发现雌鱼就一口咬住，挂在雌鱼的腹部，然后就赖着不走了。之后雄鱼的身体慢慢萎缩，直到和雌鱼融为一体。最后雄鱼只剩下精巢，用于繁殖后代。

虽然丑，但好吃

虽然鮟鱇鱼家族普遍长相丑陋，但是这并不影响它们成为人们的美食。鮟鱇鱼肉弹性十足，富含胶质，吃起来如虾肉般美味。

本回就说到这儿，
“蟹蟹”收看！

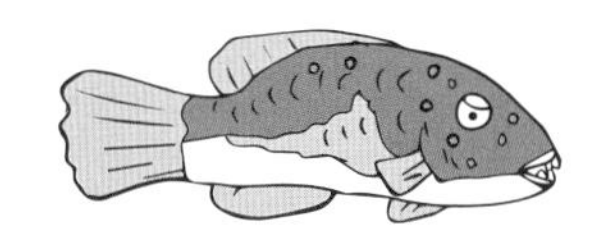

第 22 回
海底厨神——猪齿鱼

你在这里
干啥呀?
我肚子饿了，
准备找吃的。
泥沙里有
你的食物吗?
是的呢，把泥沙
扬开慢慢找。
找到没呀?
水都搅浑了。
还没有。
原来是
小蛤蜊啊。
啊哈!
找到啦!
你要用牙
咬开蛤蜊吗?
牙可咬不开，
我带到厨房
加工去。
厨房?
还加工?
是的，我是大厨
哦，跟我来。

好奇的石小黄跟在猪齿鱼身后，它们游啊游……

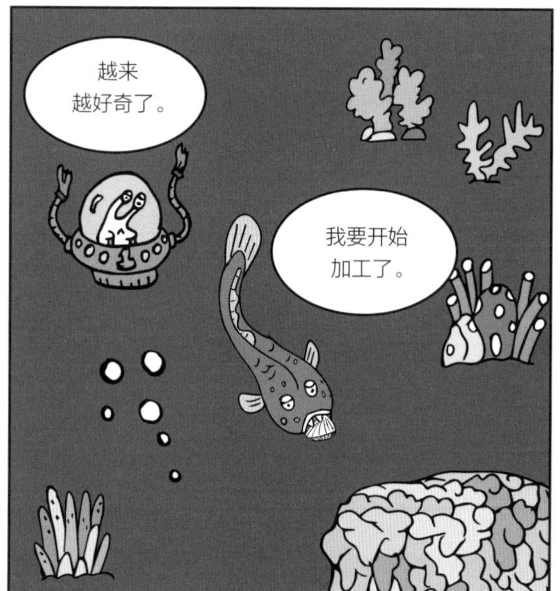

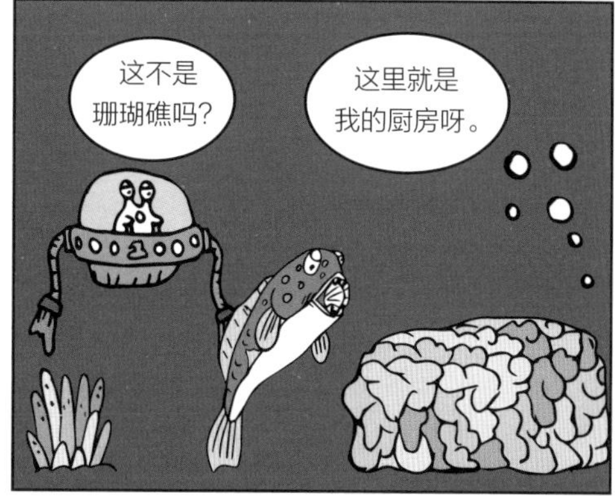

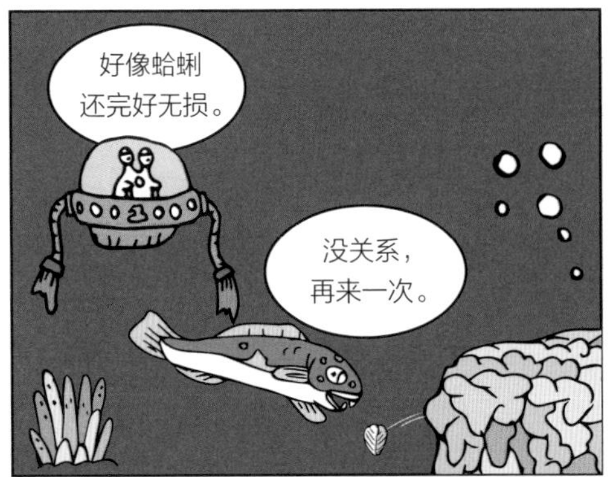

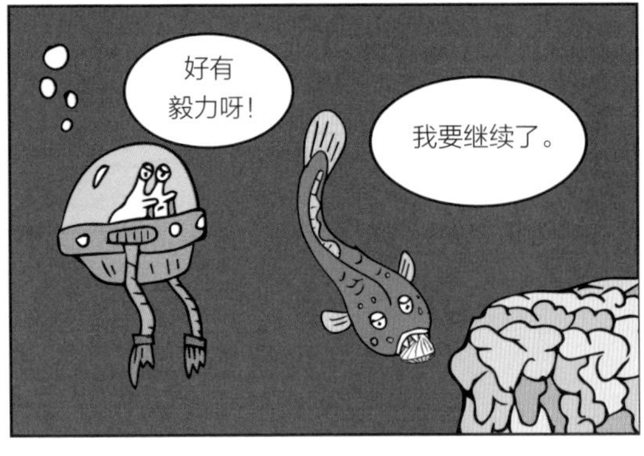

就这样，猪齿鱼一遍又一遍地砸呀砸，石小黄都看睡着了，终于……

哈哈哈，
终于砸开了！

还真被
你砸开了。
可以享用
美食了！

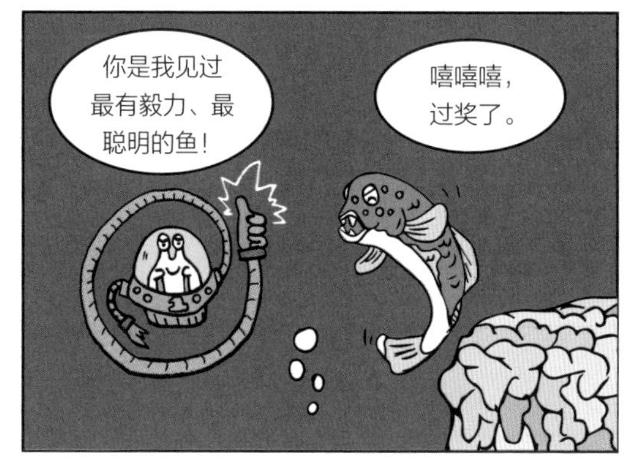
你是我见过
最有毅力、最
聪明的鱼！
嘻嘻嘻，
过奖了。

猪齿鱼为鲈形目隆头鱼科动物的统称，主要分布在热带与亚热带间的岩石或珊瑚礁多的浅海地区。

猪齿鱼

容貌有趣

猪齿鱼有上下两排共计四颗外翻的牙齿，和小猪崽的牙齿长得特别像，看上去永远是龇牙咧嘴的样子，搞笑得很。猪齿鱼也因此得名。

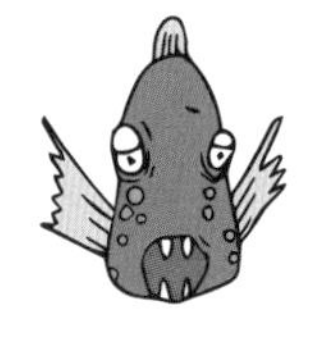

猪齿鱼

黄宇 供图

云斑海猪鱼

猪齿鱼主要捕食具有硬壳的猎物，包括甲壳动物、软体动物和海胆等。

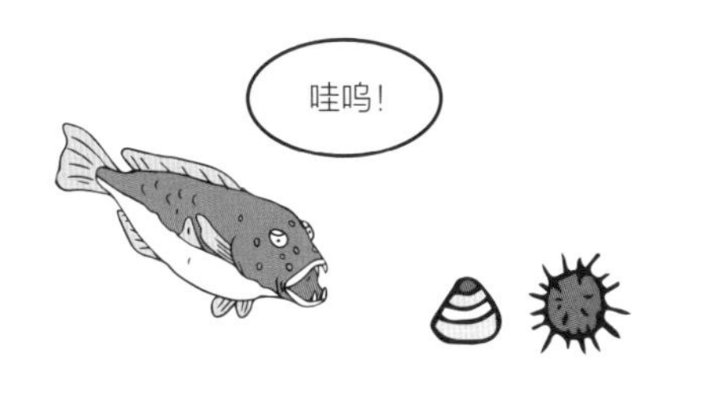

如何寻找食物？

猪齿鱼喜欢吃蛤蜊，它们通常在海底的泥沙区域觅食。寻找过程要费点工夫。猪齿鱼侧过身子舞动鱼鳍，产生一股水流冲开泥沙，还会用牙齿搬运碍事的石头等杂物，直到发现蛤蜊的踪迹，一口咬住。

牙齿不是万能的

别看猪齿鱼的牙齿又细又尖，可单靠牙齿也无法咬碎坚硬的蛤蜊壳。但是猪齿鱼自有它的妙招。它会把蛤蜊带到它的“厨房”进行加工。

聪明且有毅力的鱼

猪齿鱼的“厨房”通常是一块有凸起的珊瑚，它叼起蛤蜊，狠狠地砸向珊瑚凸起的地方。如此重复多次之后，蛤蜊壳再硬也敌不过猪齿鱼的毅力，最后只好乖乖裂开，露出里面的肉，猪齿鱼就可以美餐一顿了。

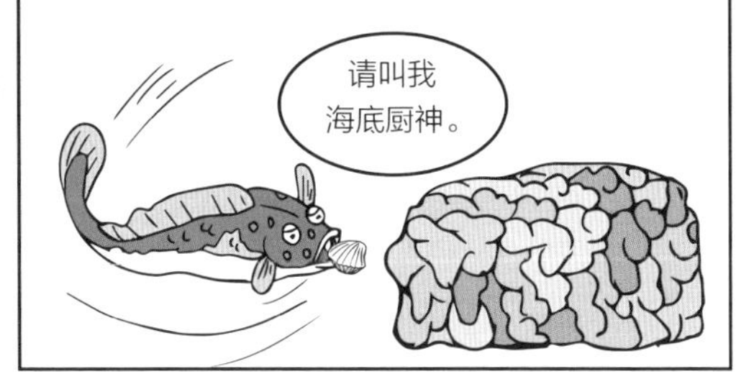

本回就说到这儿，
“蟹蟹”收看！

第 23 回 缩骨忍者——三叶小瓷蟹

你就是
三叶小瓷蟹？
是的。

你看起来
好小巧啊。
是的。

我也想玩。
先不聊了，
我们要继续捉
迷藏了。

哼！
该小丑鱼
当“鬼”了。
你等下
一轮吧。

你快开始躲，
倒计时开始。
10，9，8……
嘻嘻嘻。

这次不能
再躲在珊瑚里了，
躲哪儿呢？

有了，躲回我的
老家——海鳃里！
小丑鱼
肯定想不到。

敲海鳃
干吗？
没听懂。
石小黄，帮我敲
一下海鳃。
让你见识下
我的缩骨功，
我可是忍者哦。
海鳃

哇！
缩进去了，
不愧是忍者！
这可
怎么找？
嗖！
嗖！
嗖！

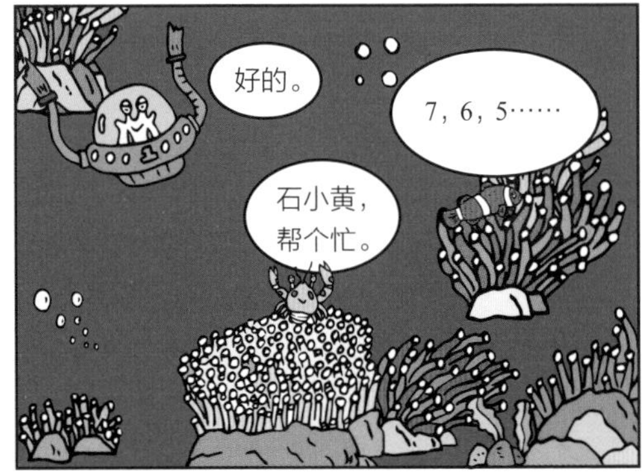

好的。
7，6，5……
石小黄，
帮个忙。

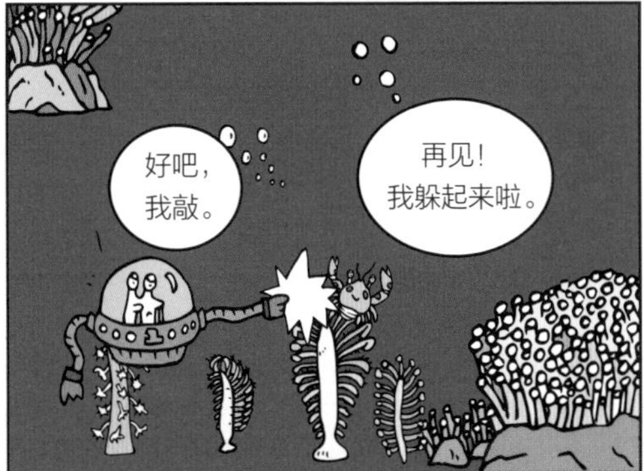

好吧，
我敲。
再见！
我躲起来啦。

时间到，
我要找了。

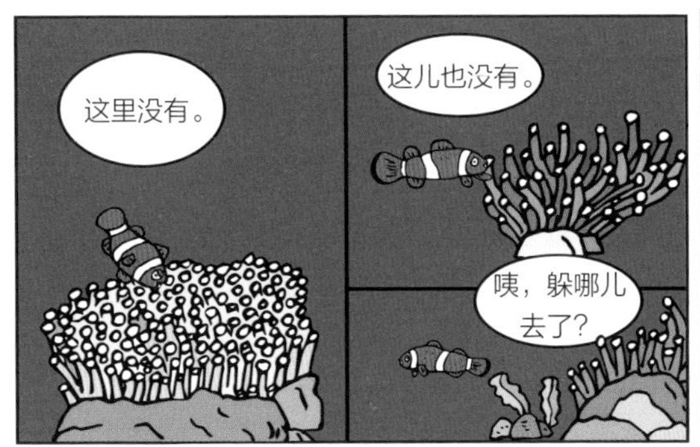

小丑鱼找得焦头烂额，石小黄实在看不下去了……

刘博士大讲堂

三叶小瓷蟹是瓷蟹科小瓷蟹属的动物。它们身体脆弱，如瓷器一般，如果用手轻碰它的大螯和步足，很容易就会把它们碰掉或者打碎。

三叶小瓷蟹

三叶小瓷蟹有着粉白色的外壳，外壳上分布有不均匀的色斑。和它的远亲岩瓷蟹相比，三叶小瓷蟹的个头小巧多了，通常还没有人的拇指大。

三叶小瓷蟹生活在海里，和海鳃形成共生关系，有些还是小丑鱼的邻居。三叶小瓷蟹通常是一公一母生活在一起，有时候是一家三口。

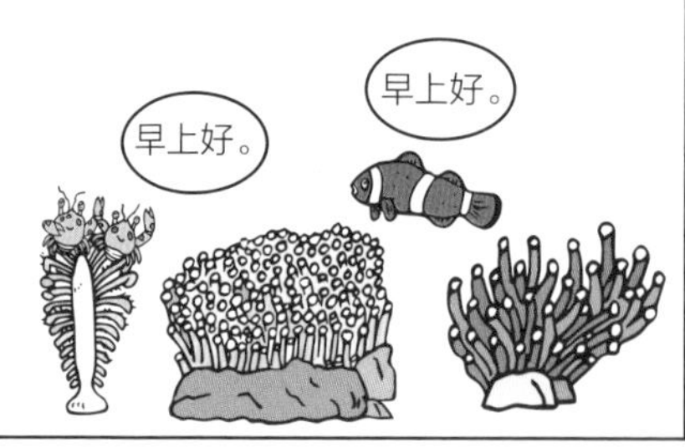

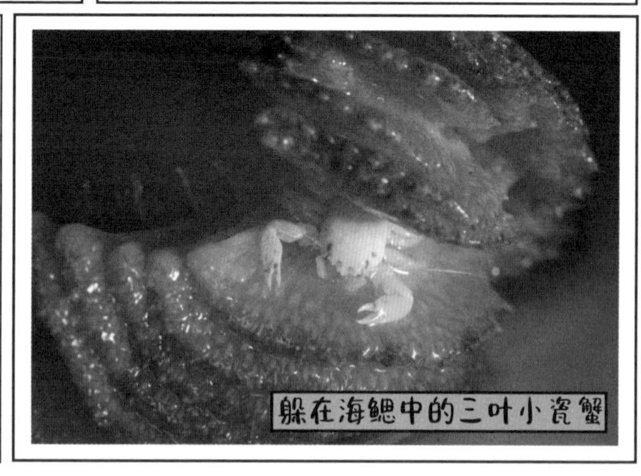

躲在海鳃中的三叶小瓷蟹

三叶小瓷蟹生性胆小，受到惊吓时会躲进海鳃的缝隙里寻求庇护。就算海鳃受到刺激缩进泥沙里，三叶小瓷蟹也赖着不出来。

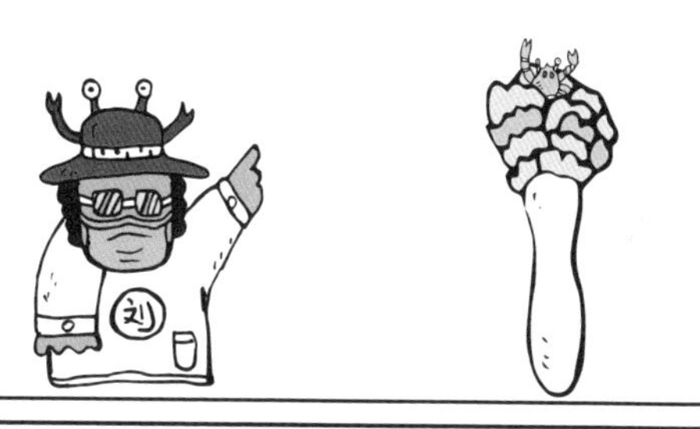

三叶小瓷蟹主要靠羽毛状的特化颚足滤食海里的浮游生物。它的颚足有很多“羽干”，每根羽干上还有细细的“羽毛”。进食的时候，三叶小瓷蟹会来回地挥舞颚足，显得很忙碌。

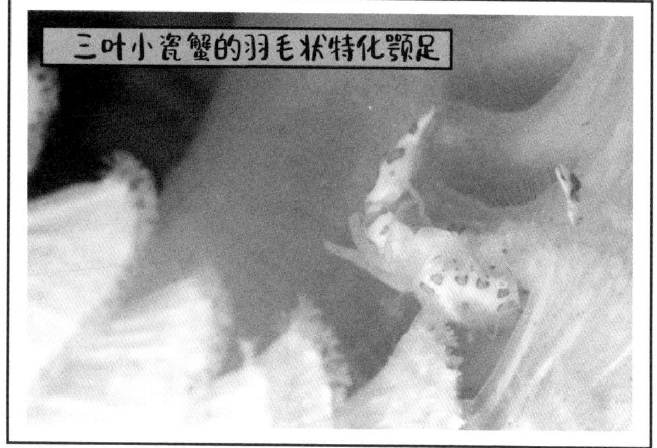

第 24 回 水中神枪手——射水鱼

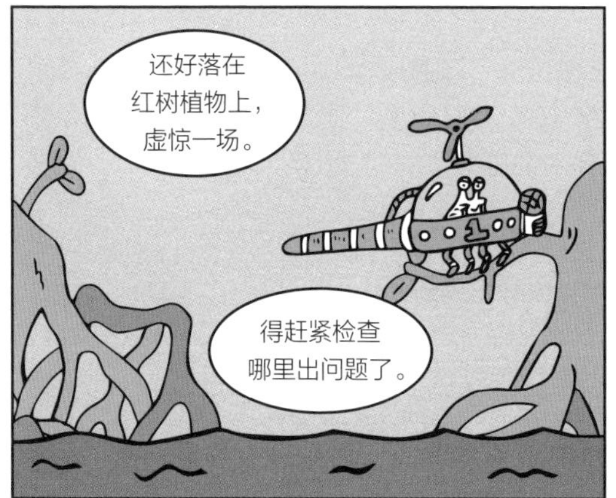

就在石小黄埋头检修“天空一号”的时候，一道强烈的水流将“天空一号”击落到了海里……

石小黄和射水鱼的射击比赛就这样开始了。它们等了好久，终于有一只倒霉的蜻蜓落在了水面的树枝上……

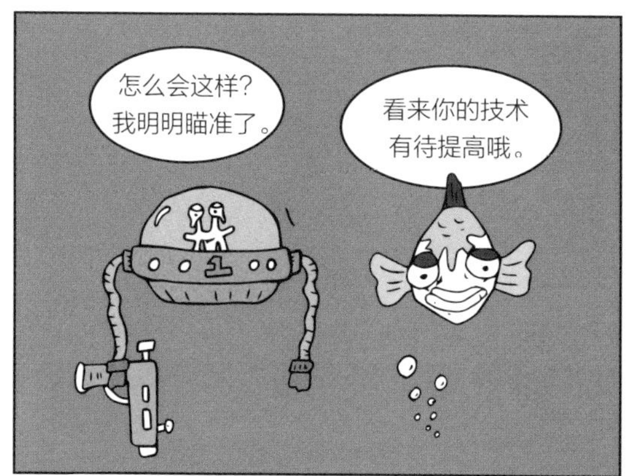

不服气的石小黄开了一枪又一枪，可是一次也没打着……

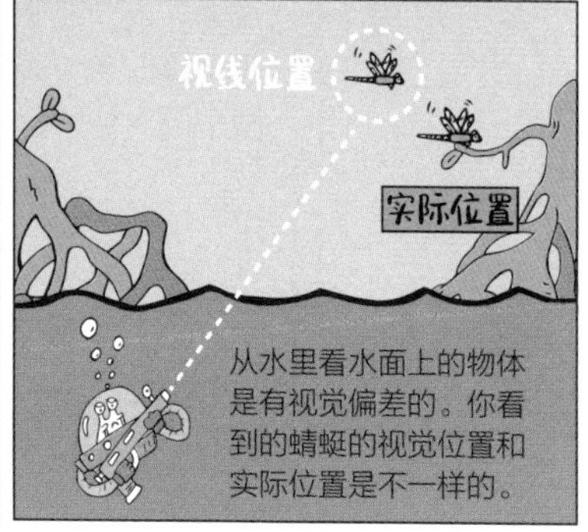

还是你厉害，我输得心服口服。

我们神枪手攻击的时候，早已把这些偏差计算在内了。

射水鱼是鲈形目射水鱼科动物的统称。广泛分布于亚洲及大洋洲热带地区的沿海河口区域。

射水鱼

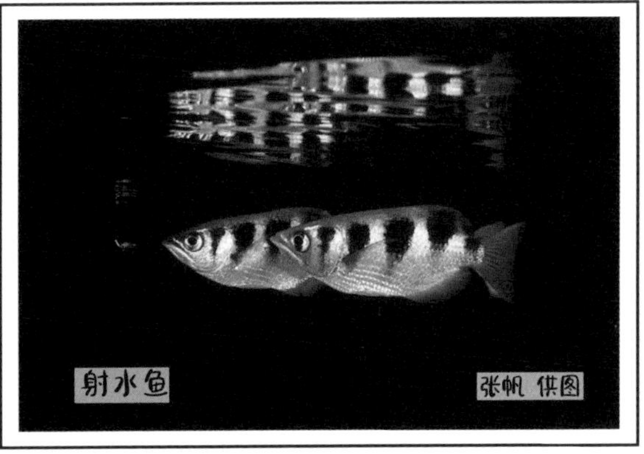

射水鱼

张帆 供图

外形俊美

射水鱼个头并不大，身长通常约 15 厘米，最长能到 30 厘米。它们长着大大的眼睛、尖尖的嘴，身体分布有几条石青色的条纹，是一种欣赏价值很高的观赏鱼。

水中"神枪手"

射水鱼是已知唯一能够以水为箭进行射击捕食的鱼类，而且命中率非常高。射水鱼常躲在水面附近巡游，锁定停留在水面树枝上的苍蝇、蜻蜓、蚊子等飞虫，然后含水喷射，击落猎物。

自带“水枪”

射水鱼之所以能以水为箭，和它特殊的嘴部结构有关。射水鱼嘴部上颚有一个倒V形的凹槽，下面就是它的舌头。当它们用舌头抵住凹槽，调整出不同大小的发射孔道，含在嘴里的水就能通过孔道喷射而出，和我们玩的水枪射击原理差不多。

倒V形凹槽
舌头

视觉偏差

由于光在水里传播发生的折射效应，除了猎物正下方的位置不受影响外，其他地方看到的猎物和实际位置都是有偏差的。

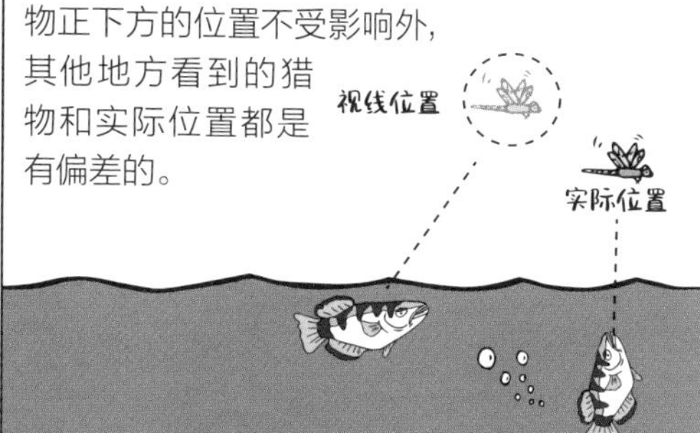

谜之定位天赋

所以，一般来说射水鱼只有在猎物正下方发起水箭攻击，才能得手。但事实上，射水鱼能从不同的角度攻击猎物。至今科学家也没弄明白它的定位本领，只能说射水鱼真的是天赋异禀。

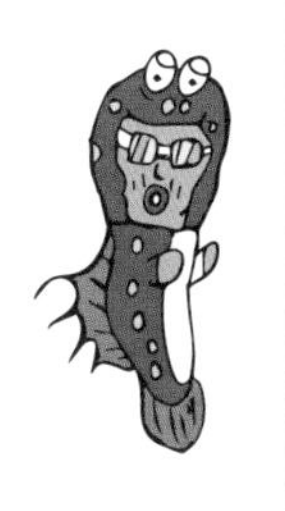

猎物争夺的硝烟

击落猎物只是捕食的第一步，当猎物掉落水里，就面临另外一个问题：水里还有许多虎视眈眈、想不劳而获的其他鱼类。毕竟天上掉馅饼，谁捡到算谁的。

自带追踪功能

射水鱼为了保护自己的劳动所得，练就了一项特殊本领。它能在猎物落水前就预判落水点，抢在其他鱼类之前飞速游向落水点，在猎物落水的同时将其一口吞掉。

本回就说到这儿，“蟹蟹”收看！

作者注：近年来，由于分子生物学等新的分类手段的运用和体系的建立，分类学正发生着日新月异的变化，使不少分类阶元和物种的拉丁学名都随之发生了变化，但其对应的中文正名并未及时更新。因此，为了体现最新的分类学成果，本书中所有分类阶元的拉丁名以及物种的拉丁学名均采用国际最新的分类系统，并以权威海洋分类学数据库——世界海洋物种目录（WoRMS）为依据，而分类阶元及物种的中文正名以学界定名为准，并秉承以下几个原则：1. 最新、权威、可追溯；2. 若暂无定名则不写，不随意自创，极个别合理的除外。

第1回

中文正名：中华白海豚
拉 丁 名：*Sousa chinensis*
科　　名：海豚科 Delphinidae
属　　名：驼海豚属 *Sousa*
别　　名：白海豚、驼背海豚、太平洋驼海豚、中华驼海豚、粉红海豚、妈祖鱼
分布区域：主要分布于西太平洋和东印度洋海区，在我国东南沿海广泛分布，在珠江口、北部湾、九龙江口和湛江等海域最集中。

第2回

中文正名：儒艮
拉 丁 名：*Dugong dugon*
科　　名：儒艮科 Dugongidae
属　　名：儒艮属 *Dugong*
别　　名：美人鱼、海猪、海牛、海骆驼
分布区域：主要分布于印度 - 西太平洋海区，特别是海草资源丰富的区域。

第3回

中文正名：斑鱼狗
拉 丁 名：*Ceryle rudis*
科　　名：翠鸟科 Alcedinidae
属　　名：鱼狗属 *Ceryle*
别　　名：无
分布区域：分布于印度东北部、斯里兰卡、缅甸、中南半岛、菲律宾和中国。主要栖息于平原溪流、河流、湖泊等开阔水域或红树林区，常悬停于水面上空觅食。

第4回

中文正名：白胸苦恶鸟
拉 丁 名：*Amaurornis phoenicurus*
科　　名：秧鸡科 Rallidae
属　　名：苦恶鸟属 *Amaurornis*
别　　名：白腹秧鸡、苦鸡母、田鸡仔
分布区域：分布于南亚次大陆至东南亚。常栖息于沼泽、水稻田、芦苇丛、红树林、湖泊等湿地。

第5回

中文正名：彩鹬
拉丁名：*Rostratula benghalensis*
科名：彩鹬科 Rostratulidae
属名：彩鹬属 *Rostratula*
别名：无
分布区域：分布于非洲、东南亚、印度、日本、中国和澳大利亚。栖息于水塘、稻田、沼泽等湿地环境。

第6回

中文正名：翻石鹬
拉丁名：*Arenaria interpres*
科名：鹬科 Scolopacidae
属名：翻石鹬属 *Arenaria*
别名：无
分布区域：繁殖于北极圈冻原带，越冬于南美洲、非洲、亚洲热带地区至澳大利亚及新西兰，以及中国广东、海南、福建和台湾等地。常栖息于潮间带、河口沼泽或礁石海岸等湿地环境。

第7回

中文正名：海蜇
拉丁名：*Rhopilema esculentum*
科名：根口水母科 Rhizostomatidae
属名：海蜇属 *Rhopilema*
别名：푃鱼、红蜇、面蜇、鲊鱼、白鲊
分布区域：在我国分布于渤海、黄海、东海、南海和台湾海峡，在朝鲜和日本等海域也有分布。

第8回

中文正名：眼斑双锯鱼
拉丁名：*Amphiprion ocellaris*
科名：雀鲷科 Pomacentridae
属名：双锯鱼属 *Amphiprion*
别名：眼斑海葵鱼、公子小丑鱼
分布区域：广泛分布于印度-西太平洋海区，在我国主要分布于南沙群岛和台湾海域。主要栖息于珊瑚礁或潟湖，常与海葵共生。

第9回

中文正名：口虾蛄
拉 丁 名：*Oratosquilla oratoria*
科　　名：虾蛄科 Squillidae
属　　名：口虾蛄属 *Oratosquilla*
别　　名：皮皮虾、虾耙子、濑尿虾、螳螂虾、虾蛄
分布区域：广泛分布于西太平洋和澳大利亚等海域，在我国沿海均有分布。穴居于潮间带低潮区至浅海沙质或泥沙质底。

第9回

中文正名：蝉形齿指虾蛄
拉 丁 名：*Odontodactylus scyllarus*
科　　名：齿指虾蛄科 Odontodactylidae
属　　名：齿指虾蛄属 *Odontodactylus*
别　　名：雀尾螳螂虾、七彩螳螂虾、孔雀螳螂虾
分布区域：分布于印度 - 西太平洋热带海域，在我国分布于南海和台湾海域。栖息于礁石或珊瑚礁的缝隙或洞穴中。

第10回

中文正名：裂唇鱼
拉 丁 名：*Labroides dimidiatus*
科　　名：隆头鱼科 Labridae
属　　名：裂唇鱼属 *Labroides*
别　　名：清洁鱼、医生鱼、半带拟隆鲷、蓝带裂唇鲷
分布区域：广泛分布于印度 - 太平洋海区，在我国分布于南海和台湾海域。

第11回

中文正名：䲟
拉 丁 名：*Echeneis naucrates*
科　　名：䲟科 Echeneidae
属　　名：䲟属 *Echeneis*
别　　名：䲟鱼、长印鱼、吸盘鱼、船底鱼
分布区域：广泛分布于世界各大洋的热带和亚热带海域，在我国分布于渤海、黄海、东海、南海和台湾海域。

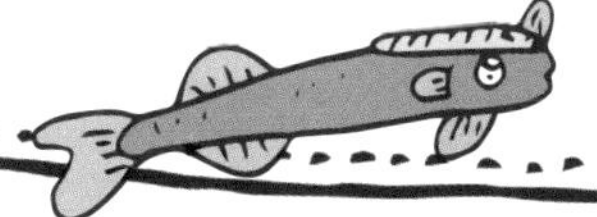

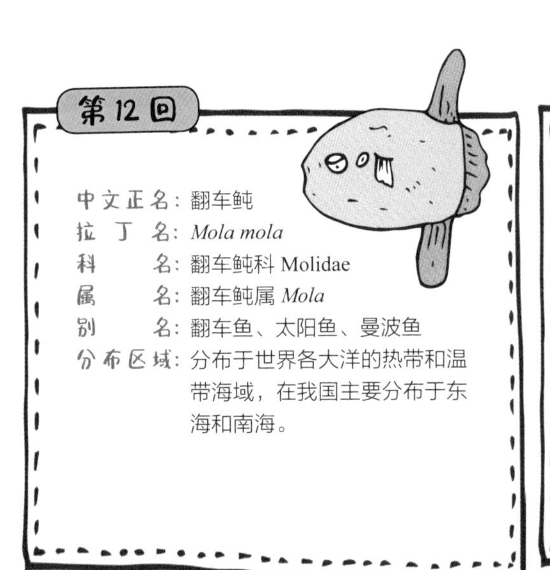

第12回

中文正名：翻车鲀
拉 丁 名：*Mola mola*
科　　名：翻车鲀科 Molidae
属　　名：翻车鲀属 *Mola*
别　　名：翻车鱼、太阳鱼、曼波鱼
分布区域：分布于世界各大洋的热带和温带海域，在我国主要分布于东海和南海。

第13回

中文正名：环颈鸻
拉 丁 名：*Charadrius alexandrinus*
科　　名：鸻科 Charadriidae
属　　名：鸻属 *Charadrius*
别　　名：东方环颈鸻
分布区域：分布于欧洲、亚洲、非洲和大洋洲等地，在我国广泛分布。迁徙性鸟类，具有较强的飞行能力，多栖息于海岸潮间带、湖泊、沼泽、草地等区域。

第14回

中文正名：绿鹭
拉 丁 名：*Butorides striata*
科　　名：鹭科 Ardeidae
属　　名：绿鹭属 *Butorides*
别　　名：绿蓑鹭、鹭鸶、打鱼郎
分布区域：广泛分布于非洲、美洲、大洋洲和亚洲。常栖息于池塘、溪流、稻田、灌丛、芦苇丛和红树林中。

第15回

中文正名：栗喉蜂虎
拉 丁 名：*Merops philippinus*
科　　名：蜂虎科 Meropidae
属　　名：蜂虎属 *Merops*
别　　名：红喉蜂虎
分布区域：主要分布于东南亚，在我国分布于四川、海南、福建、云南、广东、金门等地。

第16回

中文正名：黑口拟滨螺
拉丁名：*Littoraria melanostoma*
科名：滨螺科 Littorinidae
属名：拟滨螺属 *Littoraria*
别名：黑口滨螺、黑口玉黍螺
分布区域：分布于西太平洋海区，在我国主要分布于福建以南沿海、香港和台湾岛。栖息于潮间带高潮区，常攀附于红树植物枝干和树叶上。

第17回

中文正名：白鳍须唇飞鱼
拉丁名：*Cheilopogon unicolor*
科名：飞鱼科 Exocoetidae
属名：须唇飞鱼属 *Cheilopogon*
别名：白鳍拟燕鳐、白鳍燕鳐、单色燕鳐、白鳍飞鱼、飞乌
分布区域：主要分布于太平洋热带海区，在我国分布于南海和台湾海域。

第18回

中文正名：旗鱼
拉丁名：*Istiophorus platypterus*
科名：旗鱼科 Istiophoridae
属名：旗鱼属 *Istiophorus*
别名：平鳍旗鱼、芭蕉旗鱼、扁帆、箭鱼、剑鱼
分布区域：分布于印度洋、非洲东岸、红海至印度尼西亚海域，在我国分布于南海和台湾海峡。

第19回

中文正名：方格织纹螺
拉丁名：*Nassarius conoidalis*
科名：织纹螺科 Nassariidae
属名：织纹螺属 *Nassarius*
别名：球织纹螺
分布区域：广泛分布于印度 - 西太平洋海区，在我国分布于沿海地区和台湾岛。栖息于潮间带低潮区至浅海沙质底。

第20回

中文正名：中华凤头燕鸥

拉 丁 名：*Thalasseus bernsteini*

科 名：鸥科 Laridae

属 名：凤头燕鸥属 *Thalasseus*

别 名：黑嘴端凤头燕鸥

分布区域：分布于我国山东北部海岸、福建闽江口、浙江韭山列岛、马祖列岛和澎湖等地，在菲律宾、泰国、印度尼西亚和马来西亚也有分布。

第21回

中文正名：黄鮟鱇

拉 丁 名：*Lophius litulon*

科 名：鮟鱇科 Lophiidae

属 名：鮟鱇属 *Lophius*

别 名：结巴鱼、蛤蟆鱼、海蛤蟆、琵琶鱼、老头鱼

分布区域：分布于我国渤海、黄海、东海，日本和朝鲜也有分布。栖息于水深 30—50 米的泥沙质底。

中文正名：角鮟鱇

拉 丁 名：*Ceratias holboelli*

科 名：角鮟鱇科 Ceratiidae

属 名：角鮟鱇属 *Ceratias*

别 名：霍氏角鮟鱇、长杆角鮟鱇、密棘鮟鱇

分布区域：在印度洋、太平洋和大西洋均有分布，在我国分布于东海外海、南海西沙群岛和东沙群岛海域。主要栖息于光线微弱或无光线的深海区。

第22回

中文正名：云斑海猪鱼

拉 丁 名：*Halichoeres nigrescens*

科 名：隆头鱼科 Labridae

属 名：海猪鱼属 *Halichoeres*

别 名：黑带海猪鱼、柳冷仔、黑带儒艮鲷

分布区域：分布于印度 - 西太平洋海区，从东非、南非至印度、菲律宾南部、澳大利亚西北部海域，在我国分布于南海和台湾海峡等海域。主要栖息于沿海水浅、有藻类生长的礁石区。

第23回

中文正名：三叶小瓷蟹
拉 丁 名：*Porcellanella triloba*
科　　名：瓷蟹科 Porcellanidae
属　　名：小瓷蟹属 *Porcellanella*
别　　名：无
分布区域：分布于印度 - 西太平洋海区，在我国分布于台湾海峡、香港和南沙群岛等海域。栖息于潮间带中、低潮区至潮下带泥质或泥沙质底，与海鳃共生。

第24回

中文正名：射水鱼
拉 丁 名：*Toxotes jaculatrix*
科　　名：射水鱼科 Toxotidae
属　　名：射水鱼属 *Toxotes*
别　　名：高射炮鱼
分布区域：广泛分布于亚洲及大洋洲热带地区的沿海河口区域。

作者有话说

2001 年，我们创立了中国红树林保育联盟，致力于推动以红树林为主的滨海湿地的基础研究、保护、修复、公众参与和教育工作。在过去的二十年里，我们走进了上千所学校和社区，与数十万的受众互动，我们发现公众对于红树林和其他滨海湿地的认知异常匮乏，他们问的最多的三个问题是:“红树林是红色的吗？”“这是什么海洋生物？”“您推荐哪些科普书籍？”。

显然，滨海湿地及其生物多样性的科普工作仍任重道远。

寻找一种合适的题材，在保证科学性和前沿性的基础上，将生涩难懂的科学研究转化为通俗易懂的科普知识，并使其风趣灵动，老少咸宜，是提升公众意识的最佳途径。于是，2019 年 4 月，“红树慢漫画”诞生，并在公众号连载至今。

2022 年和 2023 年，在“红树慢漫画”的基础上，我们对故事进行改编更新，并创作了一些全新的物种故事，先后出版了《我们赶海去 1》《我们赶海去 2》和《我们赶海去：海边生物的节日》。三本书正式出版后相继获得生态环境部生态环境优秀科普作品（图书）及第六届大鹏自然童书奖的“黑脸琵鹭奖”，同时获得了大量读者的好评，也收到许多读者的反馈，希望尽快看到续集。于是，本系列的第四部《我们赶海去：海边生物的“三百六十行”》诞生了。本书以“海边生物的‘职业’”为主轴，共选择二十余个职业，以漫画的形式讲述一个个与对应职业相关的物种故事，从而突出这些物种特殊的行为、习性、生境和生存策略。每一回分为漫画故事和“刘博士大讲堂”两部分，介绍了二十余种有代表性的物种，也系统介绍了滨海湿地及其生物多样性。

我们希望将二十多年的科研、科普和保育经验浓缩成一系列科普漫画书，在回答那三个最常见问题的同时，慢慢把海洋和滨海湿地的故事说给你听。

刘毅

图书在版编目（CIP）数据

我们赶海去：海边生物的“三百六十行”/刘毅，林俊卿著；林俊卿绘. -- 北京：北京联合出版公司，2024.2（2024.7重印）

ISBN 978-7-5596-7350-3

Ⅰ. ①我… Ⅱ. ①刘… ②林… Ⅲ. ①海涂－海洋生物－少儿读物 Ⅳ. ①P745-49

中国国家版本馆CIP数据核字(2024)第001676号

我们赶海去：海边生物的“三百六十行”

著　　者：刘　毅　林俊卿
绘　　者：林俊卿
出 品 人：赵红仕
选题策划：银杏树下
出版统筹：吴兴元
编辑统筹：周　茜
特约编辑：马永乐
责任编辑：管　文
营销推广：ONEBOOK
装帧制造：墨白空间·杨阳

北京联合出版公司出版
（北京市西城区德外大街83号楼9层　100088）
后浪出版咨询（北京）有限责任公司发行
天津裕同印刷有限公司印刷　新华书店经销
字数30千字　787毫米×1092毫米　1/24　7.5印张
2024年2月第1版　2024年7月第3次印刷
ISBN 978-7-5596-7350-3
定价：60.00元

后浪出版咨询(北京)有限责任公司版权所有，侵权必究
投诉信箱：editor@hinabook.com　fawu@hinabook.com
未经书面许可，不得以任何方式转载、复制、翻印本书部分或全部内容
本书若有印、装质量问题，请与本公司联系调换，电话010-6407283